水绿瀛洲

大洋湾

徐向林 著

盐城/地标

丛书主编 吴晓丹
执行主编 朱冬生

江苏人民出版社

图书在版编目（CIP）数据

水绿瀛洲：大洋湾 / 徐向林著. — 南京：江苏人民出版社，2020.6

ISBN 978-7-214-13285-7

Ⅰ. ①水… Ⅱ. ①徐… Ⅲ. ①沼泽化地 – 国家公园 – 介绍 – 盐城 Ⅳ. ① TS34-28

中国版本图书馆 CIP 数据核字（2020）第 003755 号

书　　名	水绿瀛洲：大洋湾
著　　者	徐向林
出版统筹	韩　鑫
策划编辑	强　薇
责任编辑	强　薇　孟　璐
封面设计	许文菲
版式设计	末末美书
责任监制	王列丹
出版发行	江苏人民出版社
出版社地址	南京市湖南路 1 号 A 楼，邮编：210009
网　　址	http: //www.jspph.com
印　　刷	江苏凤凰盐城印刷有限公司
开　　本	787×1092 毫米　1/32
印　　张	5.75
字　　数	75 千字
版　　次	2020 年 6 月第 1 版　2021 年 1 月第 2 次印刷
书　　号	ISBN 978-7-214-13285-7
定　　价	26.00 元

“盐城地标”编委会

总 序

“盐城地标”丛书，是一部记录盐城历史、反映盐城文化、展示盐城风采、弘扬盐城精神、讲好盐城故事的系列图书。

盐城地处黄海之滨。长江水系、黄河水系、淮河水系、大运河水系历史上都曾分分合合在盐城奔流而过。黄河文明、长江文明、淮河文明、大运河文明都曾在盐城汇聚，又从盐城辐射至广袤的大千世界。

盐城有漫长的海岸线，幅员辽阔，地势平坦。自春秋战国以来这里就是东周封国的屯兵存粮之所，吴、楚两国的战略供给基地。秦以后，这里作为楚汉相争之地数度易手。到了东汉末年，吴大帝孙权的父亲孙坚曾在盐城任过八年县令，这里成为孙坚培训孙策、孙权称霸东吴学习军政、学习民政的大学堂。孙权称帝以后，为了感念盐城对东吴帝国的建国之功，无论在动乱还是和平时期，东吴都把盐城当成制胜创业的福地，始终掌握着对盐城的实际控制权。纵观数千年盐城史，先有楚汉之争，再有孙坚置县，范仲淹兴修水利，陆秀夫匡扶南宋王朝，明嘉靖首辅李春芳在盐城修建东岳庙，明万历县令杨瑞云为铭记治水功绩将东岳庙改名为泰山庙。抗日战争时期，新四军在泰山庙重建新四军军部，领导华东、华中、华南的抗日游击战，在盐城上演了一幕又一幕伟大的民族抗争。

海华盐晶，盐阜大地因有盐而变得有滋有味、坚韧厚重；

鹤翔鹿鸣，世界遗产因为有了盐城的绵长湿地，增添华彩丰润；

苦难辉煌，新四军在盐城重建军部，纵横驰骋砥柱中流，书写出世界反法西斯战争壮美华章中不可或缺的一页……

盐城有太多的人文历史，沧桑厚重；盐城有太多的大自然的神奇，鲜活灵动；盐城有太多的不可预期的崭新未来，美好璀璨。“盐城地标”丛书，一定会以其独特的文化视角纵览盐城千年历史的风光，也更加关注当今盐城人民为实现新时代的繁荣强盛所取得的辉煌成就：

承载着新四军战斗历史的盐城新四军纪念馆，展现着新四军将士用忠诚与热血铸就的铁军精神，已经永远载入中华民族的光辉史册；

淮剧，历史上曾与京剧、黄梅戏、评剧、秦腔一起，共同唱响大江南北、长城内外，盐城正是淮剧的故乡；

丹顶鹤，是盐城人民引以为骄傲的珍禽。盐城是中国丹顶鹤最大的越冬地，建有国家级自然保护区，被联合国教科文组织纳入“世界生物圈保护区网络”；

麋鹿，原产中国，长相独特，像马、像鹿、像骆驼、像驴，又不全像，各占一部分，所以又名“四不像”，为世界珍稀动物。盐城中华麋鹿园，也是世界唯一以“湿地生态、麋鹿保护”为主题的国家 5A 级旅游景区，每年吸引着来自世界各地的游客；

在 2019 年联合国教科文组织世界遗产委员会会议上，中国黄（渤）海候鸟栖息地列入《世界遗产名录》。位于盐城的该项目，填补了我国滨海湿地类遗产的空白，成为全球第二块潮间带湿地遗产；

人与大自然争夺土地，已成为人类社会发展史上难以避免的抗争。上天眷顾盐城这片沧桑又厚重的土地，由于海潮的自然减退，盐城每年都新增数万亩土地，将共和国的疆域不断扩大……

这一切都是讲好盐城故事，做好“盐城地标”丛书的素材。

盐城优秀的历史文化是八百万盐城人民世代传承的精神动力，它不仅承载了千年历史的沧桑辉煌，更闪烁着与时俱进的时代光芒。党的十九大报告指出，文化兴国运兴，文化强民族强。没有高度的文化自信，没有文化的繁荣兴盛，就没有中华民族的伟大复兴。盐城的名城名镇名村、红色文化、自然景观、风土人情、地方戏曲等诸多方面，是盐城优秀历史文化的集中展示，也是延展千年文脉、推动文化建设、凝聚精神力量的创新实践。“盐城地标”丛书将以高水平讲好盐城故事，高品质传承好盐城的历史文化，让一代一代盐城人更好地品味盐城的文化内涵，让盐城的历史遗存、红色文化和自然精华在新时代绽放出华彩烁辉，为绘就“强富美高”新盐城的宏伟画卷提供强大的精神动力和文化支撑。

“盐城地标”丛书编委会

2020 年 1 月 1 日

目录

Contents

序言

001

一道秀湾揽古今

009

飞阁流丹登瀛阁

027

渔舟唱晚小登瀛

041

时绕温泉望翠华

059

水墨神韵话古镇

073

碧波廊桥忆三相
095

奇湾奇观金楠馆
109

乡愁难却八大碗
123

一寸春心樱花恋
145

棹桨飞舞赛龙舟
161

后　记
169

序 言

水绿瀛洲，一道秀湾揽古今；

湿地风韵，千年文脉竞奇秀。

大洋湾位于盐城市区东北部的亭湖区南洋镇境内，北接新洋港，南依机场路。因古时新洋港河流经此处时，突然使出鬼斧神工，在此处开凿出一大一小两个天然的“W”形湾，大洋湾自此成为大自然的骄子，被赋予了得天独厚的资源。

大洋湾的水，因受着天然大湾的庇护，既涌动着碧波微澜的灵气，也安守着波平如镜的静气。水域河面宽近百米，再加之湾内河汊密集分布、纵横交错，水面紧拥着河岸，河岸又区隔着水面，从高处俯瞰下去，一派典型的水陆相错、水绿交融的湿地风光，因此素有“水绿瀛洲”的美称。

历经沧海桑田，走过洪荒历史。大洋湾这个过去不为外人所知的市郊“秘境”，终于在进入新时代后，循着“生态优先、绿色发展”这一保护与开发并举的战略路径，渐渐地揭开了她神秘的面纱，并将盐城旅游城市的品质，推升到一个崭新的境界。

2015年，大洋湾生态景区谋划启动。对于这样得天独厚的资源，决策者、规划者和建设者们奉之如珍宝，没有随意粗暴地“开凿弄斧”，而是以城市休闲功能为基础，以本土文化为依托，以新型旅游为导向，细心地梳理出大洋湾“水、绿、古、文、秀”五大特色元素，用“绣花”功夫和“雕玉”精神，精心描绘这幅集城市观光、休闲度假、游乐观赏、健康养生于一体的生态旅游图。

这幅图，既是践行“绿水青山就是金山银山”发展理念的缩微图，又是江苏省“十三五”旅游产业重大项目的规划图，也是盐城深入推进“三市”战略，走好“两海两绿”路径，奋笔书写高质量发展新篇章的动态图。

按照这幅壮美的规划蓝图，承担大洋湾生态景区开发使命的盐城城投集团，本着“功在当代、利在千秋”

的开发思路，以唐风盐韵为文化之魂，在中共盐城市委、市政府的正确领导下，协同市内外相关单位同心筑梦、砥砺奋进，历经数载艰辛努力，聚力将这个规划面积16平方公里的景区，打造为具有非凡品质与价值的“艺术品”，使之成为盐城的城市会客厅，盐城全域旅游的“圆心项目”和“目的地”，并成为长三角乃至全国的旅游胜地。

走进如今蓬勃发展的大洋湾，移步换景、美不胜收，一个古典园林风格的现代景区渐次呈现在人们面前：登瀛阁、小瀛台、金丝楠木馆、盐渎古镇、唐渎里美食街……一座座散发着唐风古韵的精美建筑，让人们穿越时光，流连忘返；樱花广场、九曲花街、七彩花田……一幅幅绿意盎然的生态美景让人们目不暇接，流连忘返；龙舟赛、马拉松、沙滩排球赛……一场场高端文体活动，让人们陶醉其间，激发起追梦不止的激情。

十万亩水绿世界，三千里澄澈湾流。愿这本《水绿瀛洲：大洋湾》，能让你感受到“水绿瀛洲”的魅力与精彩！

◇一道秀湾揽古今

君不见，黄河之水天上来

奔流到海不复回……

这是诗仙李白脍炙人口的诗作《将进酒》中的首句。读者朋友们也许要问，本书明明写的是盐城大洋湾，为何与黄河扯上了关系？事实上，大洋湾的形成正是黄河这条母亲河给黄海湿地的一个馈赠品。

盐城有人类活动的历史，可追溯到远古新石器时代晚期。那时候盐城的东部区域还是一片汪洋大海，临海处十分低洼，上游的客水流经盐城汇入大海。但因入海河道疏于治理，客水入海时受到阻滞，又由于海平面的落差较大，客水也无法回流，遂在浅海处“安营扎寨”，故而在黄海的浅海处形成了一个又一个古潟湖。

“潟”这个字比较生僻，它的读音同“息”，意指盐碱地。那时海潮经常倒灌进陆地，盐城东部的临海区域受海潮的冲刷，遍布盐碱地。上游客水因近海浅湾且被湾口淤积的泥沙所阻滞，遂在这片盐碱地上形成湖泊，这样的湖泊被后人称为古潟湖。那时，大洋湾也在古潟湖之中。古潟湖，也可看作是大洋湾的前世。

远古时期居于盐城的先民们，就是在这片古潟湖与盐碱地交错的土地上，四处捕获猎物，捕鱼拾贝为生。他们顽强地与大自然艰苦的环境抗争着、生存并繁衍着，燃起了这片土地上人类文明的星星之火。

古潟湖当然不会是一成不变的，由于海拔较低，它们会随着上游客水的大量压境和汛期时的降雨湖水猛涨、四处漫溢，于是湖与湖之间就形成了自然互通且密集分布的沟河港汊，此地也成为名副其实的水乡泽国。

华灯初上大洋湾

早期栖居在盐城的先人们，充满着生存的智慧，发明了“煮海为盐”的技术，形成了最早也是最原始的海盐生产体系。成规模的海盐生产历史，可追溯到战国时代。产出的海盐，通过境内遍布的沟河港汉往外输送。随着海盐生产的发展和水运交通的便捷，被称为“淮夷”之地的盐城，逐渐有更多的移民涌入，开始呈现出人口众多的繁荣景象。

到秦汉时期，人烟渐稠的盐城境内开始“煮海兴利、穿渠通运”，官府组织人力，或治水疏通，或人工开凿，梳理出井井有条的运盐河道。西汉武帝元狩四年

（前 119 年），朝廷将古射阳县东部靠黄海的一部分划出来单独设县，因这里遍地皆为煮盐亭场，到处是运盐的盐河，故称盐渎县。东晋安帝义熙七年（411 年），盐渎因“环城皆盐场”而更名为盐城，一直沿用至今。

那时临海的大洋湾，还没有出现湿地奇观“W”形湾，历史上的大洋湾，是古灶场的一部分，所产的海盐通过古洋河（现新洋港河）往外输运。古洋河是上游客水蟒蛇河入海段的河名，西起蟒蛇河，经皮岔河汇入后，穿过串场河、通榆运河，经南洋岸、黄尖，至新洋港闸入黄海，全长 69.8 公里，流域面积 2478 平方公里，河

美不胜收的小洋湖

面宽度 140 米至 240 米，河底宽 70 米至 170 米。它是盐城市区通往黄海的一条自然形成的潮河，也是古盐城对外交流的一条重要水上通道。

南宋建炎二年（1128 年），大洋湾与黄河有了“第一次的亲密接触”。在此之前，黄河下游河道都是流经河北平原，由渤海湾入海。与数千里之外的盐城素无瓜葛。而这一年，南宋官兵为阻挡蒙元铁骑，在河南将黄

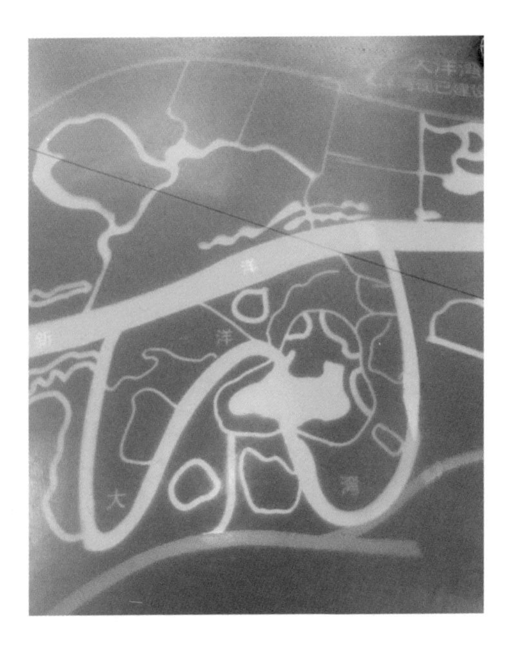

大洋湾“W 形湾”示意图

河掘开，黄河注入泗水，再由泗入淮，由此衍生出长达七百多年“黄河夺淮”的一段历史。

古洋河的上游之水来自蟒蛇河，而蟒蛇河又出自盐城西南角上的一个古澙湖——大纵湖，大纵湖是淮河水系的一部分。“黄河夺淮”后，泥沙俱下的黄河之水经大纵湖流入蟒蛇河，再经蟒蛇河流入古洋河。黄河的含沙量很高，平均每立方米的含沙量高达650公斤，每年

小洋湖

输送到下游的泥沙有16亿吨，大量的泥沙在入海前淤积于浅海湾，淤泥越积越多，遂开始造陆。

“节物风光不相待，桑田碧海须臾改。”大洋湾的东北角原先是滔滔黄海之水，经沧海桑田的演变，形成了向大海不断生长的陆地，而正是周边的这些陆地成为天然屏障，阻挡住倒灌的海潮，对大洋湾形成了拱卫呵护之势，保护了大洋湾的原生态。

从南宋建炎二年（1128年）到清咸丰五年（1855年）的七百多年间，洋河水入海受滞，大洋湾周边因黄河泥沙堆积成陆，奔流向前的河水“自寻出路”，硬生生地在大洋湾冲刷出一大一小两个“W”形湾。

碧水环绕大洋湾

如今黄河远去，古洋河也更名为新洋港河，大洋湾的水质，没有了黄河的泥沙掺杂，恢复了澄碧清澈。但“黄河夺淮”在盐城大地上烙下的“W”形烙印却永久性地存在着。虽然从水患上说，“黄河夺淮”是一次祸及数百年的灾难，但从另一个角度看，没有“黄河夺淮”，也许就没有而今生机勃勃的盐城，也许就没有湿地奇观大洋湾。“黄河夺淮”，正如一路奔腾却沉默不语的黄河，功过自由后人去评说……

至于大洋湾名字的由来，在当地有不少美丽的传说。一种说法是：相传在大洋湾有一孝子，因误食宝珠化龙而去，临别舍不下母亲，母亲叫一声，他就应声回头，

旭日东升（戚晓云摄）

每一次回头，地上的洋河就形成一道弯，母子告别，儿子共应声回了九十九次头，洋河也就形成了“九十九道弯”。因而当地人也称大洋湾为“望娘湾”。

另一种说法是：商周更迭期间，姜子牙“徙东海之滨，钓鱼为生”，这个“东海之滨”就指大洋湾。这个说法也有另一个印证，即姜子牙所用坐骑是有“四不像”之称的麋鹿，而大洋湾周边的黄海滩涂沼泽地，正是麋鹿繁衍生息的天堂。因为此传说，大洋湾也被称为“钓鱼湾”。

传说寄托着人们的美好想象，但传说终归是传说。大洋湾名字的由来没有正史记载，却可从历史资料中梳理出，这应和一个日本人有所关联。这个日本人本名叫阿倍仲麻吕，生于日本文武天皇二年（698 年），他出生时家境优越，其父官拜中务大辅。他出生前后，中国正当盛唐时期，社会稳定、经济繁荣、文化昌盛，国威远播。日本人学习唐朝先进文化的热情高涨，他们不顾当时海上交通的滔天巨浪和艰难险阻，不断向唐朝派遣

使者和留学生。

公元716年，19岁的阿倍仲麻吕被举为遣唐留学生，乘海船向中国进发。其时流经大洋湾的古洋河，正是古盐城与海外交流的一条水上通道，但这是一条比较窄小且不为外国人所知的通道，因直通“海洋”而被称为洋河，原本与“东洋人”并无关联，鲜有外国人从此处登岸。也许是因海上风浪的影响，阿倍仲麻吕所乘船只被推送到大洋湾登陆。据传，他是第一个从此处登陆的“东洋人”。

静谧洋湾

阿倍仲麻吕从盐城大洋湾一路辗转西至长安，入了国子监太学，其后参加科试高中进士，被赐汉名晁衡。以后他不断加官晋爵，历任卫尉少卿、秘书监兼卫尉卿等要职，唐肃宗时，又被提拔为左散骑常侍兼安南都护。

晁衡与大文人储光羲过从甚密。储光羲对他十分赞赏，曾写诗《洛中贻朝校书衡》相赠，储光羲的诗名在当时也因晁衡而远播东瀛，并被供奉于日本京都的诗仙祠中。

晁衡和大诗人、尚书右丞王维也是莫逆之交。在他归国前夕，王维特地赠他送行诗《送秘书晁监还日本国》，诗云：

积水不可极，安知沧海东。
九州何处远，万里若乘空。
向国唯看日，归帆但信风。
鳌身映天黑，鱼眼射波红。
乡树扶桑外，主人孤岛中。
别离方异域，音信若为通。

长廊碧水相映衬

王维还专为此诗写了很长的序文，热情歌颂中日友好的历史以及晁衡的过人才华和高尚品德。这是历史上中日两国友谊的真实写照。

晁衡曾经送给诗仙李白一件日本裘衣，李白很受感动。唐天宝十二载（753 年），晁衡回国，传闻他在海上遇难，李白听了十分悲痛，挥泪写下了《哭晁卿衡》

的著名诗篇：

日本晁卿辞帝都，征帆一片绕蓬壶。

明月不归沉碧海，白云愁色满苍梧。

事实上，晁衡并没有死于海难。相传，他又被风浪推回到大洋湾。回国不成，他再次返回长安，看到李白为他写的诗，百感交集，当即写下了应和诗篇《望乡》：

卅年长安住，归不到蓬壶。

一片望乡情，尽付水天处。

魂兮归来了，感君痛苦吾。

我更为君哭，不得长安住。

当地人有个说法，因晁衡来自“东洋”日本，在唐朝为官，名气很大。当地的人们遂借此将此地命名为“大洋湾”。“洋湾”二字好理解，前面却被冠以一个“大”字，是言说洋湾的物理空间之大呢，还是言传经此上岸的晁衡名气之大呢？笔者以为，可能这两种说法兼而有之吧。

除此以外，对于大洋湾名字的来历，也有人用唯物主义的辩证法进行了考证，认为大洋湾的前身古潟湖在当地先人的口中被称为“洋”，而这片洋又是本区域最大的“洋”，因而称为“大洋”。至于后面的“湾”，是“黄河夺淮”冲刷出来的“W”形湾，前后连贯起来，

也就有了“大洋湾”这个名字。

正如百川汇流入海，不管哪一种说法，其中都道出了大洋湾有着深厚的历史文化底蕴，它是从远古走来的一道奇观，这一点毋庸置疑。当代诗人唐康先生曾以大洋湾的古意悠悠而赋《题咏大洋湾》诗一首，摘录如下：

夜幕下的小洋湖

古河湿地化洋湾，泽苑波扬渚屿环。

七孔彩虹凌雪浪，九弯曲径倚红颜。

几疑天上迷群客，别有人间羡众仙。

更有龙舟琼阁绕，万千气象在樱园。

想当年，新洋港潮来潮去，浪涌范公堤，波撼天妃庙，落霞孤鹜，渔舟唱晚，铁柱潮声如震雷。而今，我们拨开历史的风烟，穿过时间的河流，在岁月的深处打捞大洋湾的记忆。她历经漫长的地质演变，几度沧桑，终于在大海、黄淮的作用下生成，展现出古意悠悠的水韵丰姿。但谁能想到，这方如诗如画的大美湿地，在往日的风烟里，隐藏着多少故事呢……

◇飞阁流丹登瀛阁

朱甍碧瓦俯清流，菱叶荷花映荡漾。
芝兰玉树阶庭内，道山延阁顾盼中。

本章开篇所引诗句节选自宋代诗人洪朋所作《登瀛阁》一诗。楼阁是中国古代建筑中富有典型“中国风”的建筑，也是具有鲜明地域特色的地标性建筑。自古以来，就有四大名阁在中国古代建筑史上熠熠生辉，这四大名阁即蓬莱阁、黄鹤楼、岳阳楼、滕王阁。如今，拂过历史的尘烟，这四大名阁依然是区域地标性的风景名胜，也是探微和遥览中华悠久文明史的一扇扇窗口。

在中国古代，楼与阁其实是有所区别的。楼指重屋，多狭而修曲，在建筑群中处于次要位置；阁指下部架空、底层高悬的多层建筑，平面呈方形，在建筑群中居主要位置。后来楼与阁互通，无严格区分。四大名阁中的“两楼”和“两阁”，显然已打破了楼与阁的严格区分，这其中也彰显了中国古人善于“融合”的智慧。

盐城始建于汉武帝元狩四年（前119年），至今已有两千多年的历史，因盛产海盐而成为中国古时历朝历代的重要“钱仓”。经济相对富裕的盐城，自然也就有

大洋湾楼阁

足够的财力支撑用以建楼兴阁，早在唐代，盐城就建有登瀛阁，盐城最早的地标性建筑，也就自此而始。

此楼阁为何命名为登瀛阁?正史没有明确记载，历史传说较多，可谓众说纷纭。盐城另一个以“登瀛”命名的建筑——登瀛桥，相传是因明世宗年间，盐城有一个名叫沈登瀛的大财主捐资修建此桥，后人为纪念他所做善事，故将此桥命名为登瀛桥，这个名称一直沿用至今。

古登瀛阁的历史久于登瀛桥，如照此民间传说，是否有另一个名为“登瀛”的人捐资修建此阁呢？为一探

究竟，笔者梳理了古代楼阁的建筑史，对此说法给予否定。因为中国古代的楼阁，起源于军事用途，如最早出现在战国时期的城楼，即为城防之用。迨至汉代，城楼已高达三层，并出现了阙楼、市楼、望楼等楼阁形式。随着短暂太平盛世的出现，古代皇帝为求长生不老崇信神仙方术之说，认为建造高峻楼阁可以会仙人。因此，封建时代的地标性楼阁，须得到皇帝的旨意方可兴建，区区民资，怎可随便建楼兴阁。

古代帝王崇信神仙方术，上有所好，下必盛焉。早

登瀛阁

期，方士为取悦帝王，虚构出海中的五座神山，即岱舆、员峤、方壶、瀛洲、蓬莱。此说流传甚广，最早见于《列子》，极力渲染神仙之境的美好生活：每座神山高三万里，山与山之间相距七万里。山上有黄金打造的宫殿，玉石雕刻的栏杆，住在此间的神仙们背上长有翅膀，能够像鸟一样自由地飞翔，往还于五座神山之间，逍遥自在。神山上，所有飞禽走兽都是白色的，还长有许多奇特的树，这些树结出的果实都是美玉和珍珠，味道非常好，凡人吃了可以长生不老。方士们描述的神山虽然虚

无缥缈，却给人以美好的憧憬和遐想，因此口口相传，一代延至一代。

众所周知，古时盐城紧依大海，古盐城像只浮在海水中的水瓢，故有“瓢城”之说。古人找不到五座神山，就将现实之中的“海上之城”盐城称为瀛洲。唐代大诗人李白在《梦游天姥吟留别》一诗的开篇中即写道：海客谈瀛洲，烟涛微茫信难求。而明代隐士郑若庸在其所撰传奇小说《玉玦记》中，则直接道明：登上瀛洲，犹成仙。从这些遗留下来的文字中探寻，登瀛阁中的“瀛”也就有了出处，而“登瀛”则指直上高阁，与仙人对话，寓有吉祥之意。

及至明、清两代，皇室在北京紫禁城的南海兴建瀛台（有海中仙岛之意），成为帝王后妃听政、避暑和居住之地。尤其在清代，殿试常在瀛台举办，因此“登上瀛台”成为新进士及第授官的仪式之一。而盐城的登瀛阁之名，机缘巧合下与“高中皇榜”“进士及第”相关联，不仅赋予了登瀛阁“会仙”的美谈，而且寓含着“榜上有名”之吉意。一时间，读书人纷至沓来，抢登登瀛阁，以图仕途更上层楼。

至于说读书人登临登瀛阁，是否能够如愿以偿、进士及第就另说了，那只是一种从主观愿望出发的唯心想法，并不足取。但是登临登瀛阁，极目远眺，东望可见海阔天空，海河相融，奔海之水，水流湍湍。黄海时而骤浪银涛，似欲掀天；时而波平如镜，水天一色。令人生出旷古达今之感慨。西望可见碧野平畴，树木葱郁，小桥流水，渔舟唱晚。水乡田园风光，四时景色各不相同，春季则麦苗青青，拔节而起；秋季则稻浪翻涌，黄金铺地。令人生出桑榆归隐之意境。人生又何尝不是如此，出则如黄海之舟，直挂云帆济沧海；入则如飞鸟归林，悠然采菊东篱下。

晴空一鹤排云上，便引诗情到碧霄。文人雅士在登临登瀛阁后，常会留下震古烁今的诗句，如清代诗人高岑曾留下《登瀛晚眺》（一说为登瀛桥晚眺）的诗句：

众仙携手共登瀛，入画芳菲一望平。
近郭夕阳晴更好，照人春色晚愈明。
绿杨芳草花边路，红杏青帘柳外城。
日落长歌连辔返，隔烟遥听卖鱼声。

可惜的是，古登瀛阁毁于战火之中，让人空留遐思与悲叹。

而今，盛世兴楼阁，古韵今再现。负责开发大洋湾生态景区的盐城城投集团，依托区域内高十余米的土山，紧占大洋湾制高点，借地势之托高出平地，仿唐宋风格重建登瀛阁，让人们在书卷里追忆的登瀛阁再现人间。

登瀛阁地上五层，地下一层，高 47.68 米，层间设置平台结构层，内檐形成暗层和楼面，外檐挑出成为挑台。这种建筑形式，就是唐宋年间兴建楼阁时最为盛行的平坐式。远远望去，登瀛阁出檐深远，四出抱厦，高大壮美，气势磅礴，给人以峭拔脱俗之感，毫无争议地成为大洋湾的地标性建筑。

中国传统园林中，阁的景观布局不拘一格，或伫立山岗，或依邻水流，与周边景致相融相彰。而重建的登瀛阁建于土山，土山脚下绿水环绕，可谓占山傍水，得两势之优，阁旁花、树、竹、石相伴，形成一种整体意象，在地理空间上尽现张力之美。

登瀛阁,已成整个大洋湾景区中游客视线的集中点。而登临登瀛阁，它则又成为游客视线的放射点。站在重建的登瀛阁，虽再也见不到昔日的涛涛海潮，但可俯瞰大洋湾那两道神奇的一大一小“W”形湾，感受大自然的鬼斧神工之美。在登瀛阁上极目远瞰，里下河平原风光尽收眼底，蜿蜒的河流缓缓流淌，大地上绿植遍布如披锦绣，网状的交通线四通八达，高高低低的楼宇拔地而起……一幅壮阔的盐城画卷在眼前徐徐展开。

水绿瀛洲，宛若仙山在望；红尘世外，仿佛物语成书。大洋湾，这本大自然写下的厚重书稿，因为登瀛阁的“画龙点睛”，而显得格外精彩，引人入胜。

意境与雅趣，自当吟诗咏文以抒之。原文化部副部长、著名学者郑欣淼登临登瀛阁后，感慨之余，欣然题联：

雄阁且披襟，瀛洲花树，阆苑云霞，八面仙风生雅韵

秀湾宜纵步，盐渎沧桑，海涛日夜，千秋文脉振新声

流光溢彩登瀛阁

华东师范大学博士生导师、著名辞赋家刘永翔先生亦为登瀛阁撰联：

景从仙境移来，满眼蓬瀛，何必一槎浮远海

楼似神功幻出，昂头霄汉，要看千鹤舞晴空

登瀛阁虽未在中国四大名阁中占位，但若投票评选四小名阁，笔者认为登瀛阁自会当仁不让，荣列其中。

登瀛阁的胜景，不仅令盐城人引以为自豪，也引来国际友人的青睐，日本友人阮郎羞涩曾为登瀛阁撰有一诗，诗云：

> 少年意气爱登楼，检点江南绕指柔。
> 画阁犹遗唐故事，榜题独得晋风流。
> 谁擎烟水圆罗伞，歌散菱花对浴鸥。
> 莫问游情剩多少，一生怀抱古乡愁。

大洋湾中的登瀛阁，层峦耸翠，烟雾横斜，飞阁流丹，琉璃鳞次。这正是：一卷风情摹彩画，千层雪浪送轻舟。鸟鸣绿野汀洲晚，人跟青林皓月柔。且去瀛台寻雅趣，静心拾得一身幽。不过，这“静心拾得一身幽”也会被时代发展的声音所融入。登瀛阁紧邻盐城南洋国

际机场，每天起降的多架飞机，在登瀛阁低空盘旋，那从近空中传来的轻微轰鸣声，又似从远古滚滚而来的猎猎海潮声……

◇渔舟唱晚小登瀛

闾阎扑地，钟鸣鼎食之家；

舸舰弥津，青雀黄龙之舳。

云销雨霁，彩彻区明。

落霞与孤鹜齐飞，秋水共长天一色。

渔舟唱晚，响穷彭蠡之滨；

雁阵惊寒，声断衡阳之浦。

一千多年前，初唐杰出诗人王勃路过洪都府（今江西南昌）时，应邀为新落成的滕王阁写下了千古雄文《滕王阁序》，滕王阁也因此文一举闻名于天下。本章开篇中所引用的诗句即节选自《滕王阁序》。虽然，王勃写的是滕王阁，但他所描写的景致，却又与大洋湾有着惊人的相似之处。

千百年来，大洋湾因水而兴、因水而盛。居民择水而居，一户户人家沿着大洋湾的天然水系散落在两岸。他们中既有古盐灶的盐民，也有靠打渔为生的渔民，正所谓“靠山吃山，靠水吃水”。

夕照小登瀛

大洋湾河荡水色秀美，民俗风情淳朴，湾内芦苇摇曳，白帆点点，渔舟唱晚，一派水乡泽国风光。大洋湾的水是源源不断、流动不息的活水，水质甘洌清甜，水草丰茂肥美，是淡水鱼虾自由自在生长的天堂。岸上野禽成群，洲上树木丰茂，田园如画，沟汊纵横，鱼鸟欢跃。自古以来，大洋湾就是重要的河鲜产地，尤以盛产青混鱼、大头鲢鱼、刀子鱼、鳊鱼、乌鱼、昂刺鱼等河鲜而闻名。

当地渔民捕鱼的方式多种多样，常见的方式有三种：一是撒网式捕鱼，渔网由特别细的丝线织成，渔网顶端装有底脚，有的底脚嵌入的是生铁，有的则是石块或碎砖瓦片；二是“响板惊鱼”，渔船中摆放着两块活动的木板，捕鱼时，一人在船尾脚踩木板，发出“咣咣咣”的敲击声，另一人在船头下网。河中的鱼受到响声惊吓，

四散逃逸时，纷纷钻进渔民早已布好的渔网中；三是“扳罾”，将网具敷设隐藏于水中，等鱼儿游到网具上方，渔民及时提升网具，再用抄风（一种抄鱼的工具）捞取上岸。

以上三种，都是人力捕鱼的方式。聪明的大洋湾先民，还通过驯化鸬鹚来捕鱼。鸬鹚俗称“水老鸦”，在水里生龙活虎，速度极快，追到活鱼就生吞。当然，经过驯化的鸬鹚只能把鱼吞进大大的喉囊，没法下肚。因为它们的主人，早用绳索将它们的喉管勒住，捕到的鱼吞到喉囊时就被巧妙地堵住了，待到渔民用竹篙敲击发出信号，那些鸬鹚乖乖地扑腾到船上，将存在喉囊中的

活鱼吐进船舱。

驯化鸬鹚是一门学问。它们只能在清晨被主人松开“勒喉索”，主人喂它们点小鱼小虾吃。随后，整个白天，它们再也得不到进食，挨到黄昏，一个个被饿得眼睛发绿，一门心思想找吃食，因为饥饿，它们焕发出旺盛的精气神。这时，主人才将它们载上渔舟，已经饿了一天的鸬鹚，一个个如下山饿虎一样，争先恐后地扑腾进水中，见鱼就逮，捕鱼的效率非常高，主人只需守着小船，管理着这支“精兵”，即能收获满舱的活鱼，很是省事清闲。

由于清闲，渔民们在船头还会唱起渔歌。歌声嘹亮，

在大洋湾潺潺流水中荡开了层层涟漪。那些鸬鹚仿佛懂得音律和主人心思，和着渔歌声干得更欢。当然，大洋湾宽阔绵长的河面上岂止一个“放鸦人”，常常是众多放鸦船交会于河面。但船再多，鸬鹚总能听出自家主人的渔歌声，找到自家的船只，绝不会把捕到的鱼送到别的船上。

渔歌除了独唱外，还有对唱，“放鸦人”们你唱我应、你问我答，在唱和中加深了友情。对于渔歌唱和的场景，宋代大诗人陆游曾专门写了一首《渔歌》，诗云：

渔歌唱晚

斜阳收尽暮烟青，嫋嫋渔歌起远汀。

顺着陆游吟咏“渔歌”的余音，我们可以让时光倒流，再现大洋湾渔舟唱晚的场景——

夕阳西下，暮色四合，散落在大洋湾沿岸的民居升起了袅袅炊烟，在空中勾染出一幅幅变幻无穷的水墨画。而此刻，正是大洋湾“放鸦人”最为活跃的时刻，数十条小舟会聚河面。夕阳的余晖下，河面被镀上了一层金色，在水波的荡漾中熠熠生辉。雄赳赳气昂昂的鸬鹚有序地分列在小舟两侧，只等主人一声号令，它们即“扑嗵”一声蹿入水中。随着它们在水中的起起落落，河面上卷起了一层层浪花。“放鸦人”放管着鸬鹚时，有人首先唱起了渔歌，随即大家纷纷出声应和，浪花与歌声，掀起了大洋湾水面的黄昏“狂欢”。

黄昏总是很短暂的，当夕阳坠落进地平线，夜色四

小瀛台

合，天空渐渐暗了下来，日月星辰渐次登场，它们从天空倒映到水面上，仿佛将大洋湾清澈的河面当成了一面镜子。在月光与星辉的交映中，褪去金色光芒的河面成为一片迷人的银色世界。

夜色中，每个船头点起了马灯，是为“洋湾渔火”，星星点点的灯火。让人产生氤氲朦胧之感，如入人间仙境……

让我们再将目光从热闹的河面，拉回到河中静谧的岛屿上。大洋湾水面开阔，由于河道陡转陡行，上游浩荡奔腾的河水，到了大洋湾就如同遇上一个“降速器”，每流经一道弯，水的流速就降低一次，因而大洋湾的水势相对于湾外的河道，显得从容而宁静，在湾内的河道，用“风平浪静”都不足以形容它的安静从容，用“波平如镜”倒是非常贴切。

如是一来，大洋湾在黄河夺淮入海，携带着巨量泥沙四处溢漫时，用“聚沙成塔”的功夫，缓慢地冲积起一座座河中岛屿。几百年来，这些成形的岛屿很少遭到河流的侵蚀削减，它们安安稳稳地居于水中——彰显着风姿绰约的秀姿。

岛屿边上，硕大的野柳横斜，柳枝在微风中轻拂着河面，仿如一把把温柔的梳子，给大洋湾精心梳妆打扮着。岛屿上芦苇遍地，春夏二季，芦苇青青，野花绽放，百鸟翔集，还有一些野鸭临岛戏水，嬉戏打闹，而岛上的野兔，若听得人声，则“嗖”的一声，突奔进芦苇与茂草的深处，但见芦苇和茂草无风晃动，陡增无穷生趣。而到了秋冬二季，芦苇金黄，白色的芦花经清风一吹，或远远地飘扬到渔船上，或只飘落于近处的水面上，随

国家大地原点

着水面的细波微澜，轻微地晃动着，缓慢地漂向远方。

大洋湾中有一个最大的岛屿，正处于大“W”形湾的中间河段。该岛呈圆形，四面环水，河水还分出枝枝桠桠贯岛而过，将这个“圆岛”又割裂分离成若干个小岛，但水面并不开阔，最宽处不过数米，最窄处还不足一米。因此，人们还是将它视为一个整体，给了它一个好听的名字——小瀛台。

关于瀛台的来历，笔者已在本书的《飞阁流丹登瀛阁》一章中有所交代。它是明、清皇帝在紫禁城西苑太

国家二等水准点

液池（今中南海的南海）的岛屿上兴建的行宫，主要用于听政、避暑和居住，属皇家禁地。明代称为“南台”，清顺治年间改为“瀛台”。正因为“瀛台”四面环水，所以后来此处又成了软禁地。清末戊戌变法失败后，光绪皇帝曾被慈禧太后幽禁于此，袁世凯复辟称帝后，亦

曾将副总统黎元洪软禁于瀛台，这块皇家禁地倒真的成为另一种限制自由的“禁地”。

中华人民共和国成立后，瀛台重见天光，再现盛世辉煌。许多党和国家领导人均居住过瀛台。瀛台现为国家有关机构办公、居住、举办宴会的场所。

在此需要说明的是，“瀛台”之名并非在清代才出现，早在唐代就已有“瀛台”的名称。唐代诗人李康成在《玉华仙子歌》中曾云：溶溶紫庭步，渺渺瀛台路。诗中所指的“紫庭”系皇帝居住的宫殿，而“瀛台”则代指仙人居住的仙岛。“渺渺瀛台路”，实际上是指通往仙人居住的仙岛之路不可寻觅。如果按那时的“瀛台”之意，其所指区域自然是神州大地东部海域。而当时的

大洋湾还未经“黄河夺淮”形成如今的样貌，境内还是一片真正的汪洋大海，后来才在“黄河夺淮”中成陆积岛。后人在命名此岛时，是否受到多个朝代的“仙岛崇拜”的影响？此说虽无史料证实，但笔者考证后认为可能性极大。

大洋湾中的小瀛台，在“瀛台”二字前面冠了一个“小”字，一方面显示此处妙景形同北京中南海的瀛台；

另一方面也与大洋湾“水绿瀛洲”的美称一脉相承。由此可见命名者们的匠心和智慧。

如今，大洋湾在生态景区开发中，亦将小瀛台列入重要的景点规划之中，在其上新建仿唐宋古建筑风格的亭台楼榭，并遍植名贵树木花草，使昔日这个充满野趣的荒岛，变成更为赏心悦目的风景胜地。小瀛台北面紧挨大洋湾新建的登瀛阁，从小瀛台仰视登瀛阁，更显其高大雄伟。而从登瀛阁高处俯瞰小瀛台，其状如圆形珍珠，在河湾里璀璨夺目。

而且，大洋湾依托天然的水资源及岛屿优势，继承

传统的苏北水乡风俗，打造了若干艘仿古的小木船，培训了专业的会唱渔歌的“船娘”，并且再现了鸬鹚驯养的场景。当木桨划动，水波初起，鸬鹚扑腾，水纹荡漾，眼前顿时又浮现出昔日热闹的河面“狂欢”，久去的“渔歌唱晚”又真真切切地走进了现实的世界。

水和岛屿是大洋湾天然的资源。为让这湾活水给人们带来亲身体验的乐趣，大洋湾生态景区依托“双河双岛”优势，与知名上市企业“卡森国际”合作开发，投资近十亿，以海盐文化为切入点，以水上大冒险为主线展开布局，打造出集探险、科普、趣味于一体的国内先进、

江苏较大的水上玩乐体验综合体——长乐水世界，其中设有“盐幻之门”“海猫部落”“深海历险”“盐岭积雪”四大片区，共有28项水上玩乐体验项目异彩纷呈，趣味十足。尤其是在大洋湾阔大的静水微澜处仿制了“海边沙滩”，金色的沙滩与大洋湾的绿水有机相融。沙滩外的“海啸造浪池”可造出高达两米多的海浪，让人们体验到“冲浪”的乐趣，仿佛把隐退到大洋湾东部一百多里外的大海，重又“拉回”到人们的身边，让盐城人在家门口就能亲近“大海”，在嬉水玩乐中，似乎还能倾听到曾为古盐城八景之一的“铁柱潮声”……

◇◇时绕温泉望翠华

鲜飙收晚翠，佳气满晴空。

林润温泉入，楼深复道通。

唐代诗人柴宿在《初日照华清宫》一诗中，对骊山脚下的温泉极尽赞誉之词。华清宫原名“汤泉宫”，也称“华清池”。据传是唐玄宗为讨得美人杨玉环的欢心，在骊山脚下盖起的离宫，杨玉环经常去华清宫泡温泉。白居易在《长恨歌》中对“贵妃出浴”有过生动形象的描写，诗云：

春寒赐浴华清池，温泉水滑洗凝脂。

侍儿扶起娇无力，始是新承恩泽时。

唐朝人爱泡温泉，不独皇家，达官显贵、平民百姓，皆有泡温泉的爱好。唐太宗晚年写《汤泉赋》道：每濯患于斯源，不移时而获损。足可见常泡温泉，不仅有舒缓身心、减缓疲劳的作用，还有治病之效。

但不少日本人认为，泡温泉有治病作用的说法起源于该国。据说日本人一开始只知道温泉具有洗浴功能，

画栋朝飞南浦云，珠帘暮卷西山雨（戚晓云摄）

并不知道其有治疗疾病的功能，后来是因为看到一只受伤的小动物在泡过温泉之后，奇迹般地迅速复原，他们这才重视起来，开始认真地研究起温泉的功能。自那以后，泡温泉成为日本人的一项“国民运动”，三步一小汤，五步一大汤，在日本极为常见。

然而，据史料考证，中华文明对温泉的使用和记载远远早于日本。南北朝时期的地理学家郦道元所著《水经注》中，就提到了温泉的神奇功效：“（鲁山皇女汤）可以熟米，饮之愈百病，道士清身沐浴，一日三饮，多

少自在，四十日后，身中万病愈。”

在郦道元之前，秦始皇就建了“骊山汤”（温泉），用以治疗疮伤。据传，术士徐福为了寻找长生不老药，载着八百童男童女，辗转漂流到了还处于“原始社会”的日本歌山，当地人遇有病灾，几乎束手无策。而徐福借机以“温泉治病”布道，从而将泡温泉的习俗在日本普及推广开来，当地人为了纪念他，至今还保留着以“徐福”命名的温泉浴场。

由是可见，“温泉文化”是从中国传播到日本岛国的，这与日本人以“温泉文化鼻祖”自居的说法大相径庭。

我们现在所熟知的温泉，大多出于依山傍水之地。如南京的汤山温泉，东北的长白山温泉等等。在中国十大温泉排行榜上，鲜见平原地区的温泉跻身其中。这就给人们造成了一种错觉，即平原地区不会有温泉。

但是，在一马平川、沟河纵横的大洋湾，却意外地发现了温泉资源。随着大洋湾生态景区的开发，两眼温泉井神奇地出现：一处出水温度为 50℃，每小时的出水量达 50 吨，经检测，该温泉水富含矿物质，达到饮

温泉启蛰气自氲

用水标准；另一处温泉出水温度为62℃，每小时出水量为100吨，经检测，温泉水中富含氟、偏硅酸等元素，是国内稀有的温泉品种。

刚发现温泉资源之时，“里下河平原地区惊现温泉”成为一道奇闻，在社会各界广泛传播。许多人一时还不相信。直到亲至现场，亲眼看见腾着热气的温泉汩汩流淌，亲手测得温泉的水温后，方才“眼见为实”，予以确认。

那么，地处里下河平原地区的大洋湾，为何能形成

温泉呢？

温泉的形成，一般而言可分为两种情况：一种是地

壳内部的岩浆作用所致，一种为伴随火山喷发产生。火山活动过的死火山地形区，因地壳板块运动隆起的地表下还有未冷却的岩浆，不断地释放出大量的热能。由于此类热源之热量集中，因此只要附近存在有孔隙的含水岩层，所含的水不仅会受热成为高温热水，而且大部分

会沸腾转化为蒸汽。此类温泉多为硫酸盐泉。

另一种是因地表水渗透循环作用而形成。也就是说雨水降到地表向下渗透，深入到地壳深处的含水层形成地下水，地下水受下方的地热加热成为热水，深部热水

多数含有气体，这些气体以二氧化碳为主。当热水温度升高，上面若有致密、不透水的岩层阻挡去路，压力便愈来愈高，以致热水、蒸汽处于高压状态，一有裂缝即窜涌而上。

热水上升后愈接近地表则压力愈小，这使所含气体逐渐膨胀，降低热水的密度。膨胀的蒸汽更有利于热水上升，上升的热水再与下沉较迟受热的冷水相遇，因密度不同产生压力，反复循环产生对流，在开放性裂隙阻力较小的情况下，热水即可源源不断地涌升，终至流出地面，形成温泉。

在高山深谷地形中，谷底地面水可能较高山中地下水位更低，因此深谷谷底可能为静水压力差最大之处，而热水上涌也应以自谷底涌出的可能性最大，温泉也就大多形成于山谷中的河床上。

盐城至今未曾发现关于火山活动的记载，因此，出于大洋湾的温泉，不可能是第一种形成方式。那么第二种形成方式，应该是大洋湾温泉的形成原因。地质学家告诉我们，大洋湾地处温暖潮湿的气候带，有充沛的大

气降水，这些降水能源源不断地沿裂隙下渗，形成丰富的地下水。同时，大洋湾又是岩浆活动强烈、断裂构造发育的地区，而且表层有隔水、保温的黏性土层存在，阻止热能和热水的散失。

这些水文地质条件有利于地下水向地壳深部渗透，渗透过程中，在释热岩体的热传导作用下，逐渐形成的热水储积起来。而断裂带给热水的活动提供了信道，地下热水正是沿此信道上升并与浅部温度低的冷水发生混合作用，形成了浅层中温热水和温泉露出带。

与出于山谷河床的温泉略有不同的是，大洋湾的温泉长期处于“安静”状态，不会自发式地向上喷涌，可谓“养在深闺人未识”，一旦遇到开采井，才会沿着温泉井向地面喷涌。

众所周知，盐城东台是董永七仙女传说的发祥地。大洋湾与传说发祥地相距甚近，一个处于范公堤的中南段，一个处于范公堤的中段。大洋湾的先民们结合这个传说，也给大洋湾留下了一个关于七仙女的美丽传说。

相传，古时临海一带因湿气较大，当地居民常患有皮肤病，严重者全身皮肤溃烂而危及生命。心怀善念的七仙女在天庭偶然得知这民间疾苦后，决心下去拯救黎民。但其母亲王母娘娘却顾不得这些，不许她擅离仙境。无奈之下，七仙女求告于诸位神仙姐姐，动员她们一道偷偷下凡，伺机解救当地居民受肤疾困扰之苦。

她们趁王母娘娘赴宴之际，偷偷下得凡来。但面对众多患疾之人，她们举众之力也难以一一解救。为难之中，七仙女心生一计，拔下发髻上的玉簪，在大洋湾的一片湖水中划了一个圆圈，那冰凉的湖水瞬间热气腾腾，变成了一个温泉湖。

随后，七仙女急告诸人，有患肤疾者至该水中沐浴，即可治病。但当地百姓不知道七仙女是天上仙女，他们觉得沐浴就能治病不靠谱，无人采信。七仙女又生一计，她动员姐妹们到湖水中沐浴，且将七彩霓衣置于道旁显眼处，以此吸引诸人目光。当地百姓看到七彩霓衣，就知道不是凡人服饰，他们循衣觅踪，赶到湖边想一探究竟。待他们赶到湖边时，仙女们在他们眼前飞身而去，跃上云端。

当地百姓确认此处是仙女沐浴池后，纷纷跳入湖中，以求“仙气”附体。让他们惊奇的是，“仙气”虽未附体，但他们身上的皮肤病经此沐浴，竟好转痊愈了。于是一传十、十传百，一时间来大洋湾沐浴者络绎不绝。而七仙女见人流蜂拥而至，恐湖水失去仙力，又一次看准机会独自偷偷下凡，施法保住湖水的仙力。而这次下凡，她巧遇董永，自此结下了一段人间奇缘……

传说固然美好，当年热气腾腾的温泉湖却始终毫无觅处。直至今天，大洋湾打出的两眼温泉井，似乎在对美丽的民间传说进行印证。

按照温泉出水温度，中国医疗矿泉专家陈炎冰在《矿泉与疗养》一书中对温泉进行了细分。出水温度为38℃至40℃的温泉，被称为低温泉，陈炎冰认为，常泡此温泉，对人体有镇静作用，对神经衰弱、失眠、高血压、心脏病、风湿、腰膝痛等有一定的好处；出水温度达43℃以上的温泉，被称为高温泉，泡此温泉，对人体

有兴奋刺激的作用，同时对心血管病有显著疗效，能改善体质，增强抵抗力和预防疾病。

由是观之，高温泉较之低温泉，对人体的作用更大。按此分类，大洋湾的温泉均属于高温泉。这两处温泉，更增添了大洋湾的神奇之处，她不仅奇在地表水，而且奇在地下水。

而今，大洋湾生态景区正紧锣密鼓地对温泉资源进行开发利用，引进的希尔顿逸林温泉酒店、涵泉温泉酒店已落进了规划蓝图，顺势打造富有平原水乡特色的温泉小镇。

相信在不久的将来，大洋湾的温泉，必将成为滋润造福民生的“幸福泉”。

◇水墨神韵话古镇

口品吴盐知世味
心连禹渎到天衢

这副对联赞赏的是大洋湾盐渎古镇。对联的作者星汉先生是当代著名诗人、中华诗词学会顾问、新疆师范大学文学院教授。星汉先生在作此联后，还对此联专门作了诠释：联中嵌入“盐”“渎”二字，“世味”“天衢”语意双关。据《汉语大词典》，“世味”指人世滋味，“天衢”意指“通京都的大路”。

古盐城是海盐的重要产地，曾有“烟火三百里，灶煎满天星”之说，大洋湾也曾是古盐灶之一。星汉先生联中所写的“吴盐”，就是指江淮（含盐城）一带所晒制的散末盐，细如粉末，色白如雪。古人食水果如杨梅、橙子之类，多喜佐以吴盐，用以渍去果酸，使果味更为可口。李白的《梁园吟》一诗中曾盛赞吴盐：玉盘杨梅为君设，吴盐如花皎白雪。

古盐城的海盐生产，造就了一代代富甲一方的盐商。这些盐商中，又以徽商居多。自宋代始，大批徽商就活跃在盐城一带，明代后期至清代初期，则为徽商常驻盐

盐渎古镇古宅

城经营运转海盐的全盛期。数百年来，随着大量徽商的纷至沓来，徽商文化也随之融入海纳百川的盐城，其中尤以作为徽商文化符号的徽派建筑流存最为鲜明。受其影响，古盐城的建筑多以徽派建筑为主。

徽派建筑融中国风俗文化之精华，风格独特，结构严谨，精雕细镂，匠心独运。不论是村镇规划构思，还是平面及空间处理、建筑雕刻艺术的综合运用，都充分体现了区别于其他建筑风格的鲜明特色。徽派建筑还极为讲究规格礼数，除富丽堂皇的巨贾之家外，小户人家

雕梁画栋毓秀苑（郭亚摄）

的民居亦不乏雅致。

徽派建筑沿袭《宋营造法》官式作法，采用大屋顶，远瞰之，屋顶脊吻极为夺目。脊吻有正吻、蹲脊兽、垂脊吻、角戗、套兽等之分，且来历附会了许多有趣的民间传说。例如正吻——正脊两头口衔屋脊的鳌鱼(龙鱼)，究其起源，据说是汉武帝所建的“柏梁殿”曾遭火殃，笃信神仙的汉武帝向方士求教，一方士说：“南海有鱼虬，水之精，激浪降雨，作殿吻，以镇火殃。”此建议被汉武帝采信，正吻就由此产生并沿袭下来。

又如垂脊吻——位于同正脊相垂之脊头的人物饰件，称“仙人”。究竟指哪位仙人说法不一。民间常有姜太公（姜子牙）在此“镇妖捉祟”之说。亦有指大禹之说：人们因恐屋脊聚鳌鱼太多，鳌鱼翻身易发大水成灾，必须有所制约，故请“禹王”镇守。还有民间传说称“仙人”是劈山救母的二郎神，脊上立兽为“哮天犬”，其意也是二郎神在此镇邪捉妖。诸种说法虽然不一，但

楼阁宜佳客，江山入好诗（郭亚摄）

殊途同归的是，无论哪一种说法皆有庇护平安，寄寓生生不息之吉意。

我们将目光从屋顶落到墙体，徽派建筑四周均用白色高墙围起，谓之“封火墙”，远望似一座座古堡。房屋除大门外，只开少数小窗，采光主要靠天井。白色的高墙犹如一块天然的画布，在这块“画布”上，不仅能看到日光月色，还能看到时光流影。举目望去，屋瓦均为青黑色的小瓦。白墙黑瓦，黑白相映。黑白统合之下的色彩碰撞、融合、协调，给人以水墨晕染的视觉感受，犹似一幅江南水墨画。

盐渎古镇古宅

这幅“水墨画”却不是静态的，它外面错落有致的马头墙，给人以变化无穷之感，马头翘角者谓之“武”，方正者谓之“文”，墙线高低起伏，色彩典雅大方，赋予了这“水墨画”生动的灵气。中国天人合一的观点以及与自然和谐共处的法则，在徽派传统建筑中得到充分的体现。

步入徽派建筑则又是另一番景致，让今人对古人的建筑智慧叹为观止。稍大的古宅均庭院深深，进门为前庭，中设天井，后设厅堂。厅堂后用中门隔开，设一堂二卧室。堂室后又是一道封火墙，靠墙设天井，两旁建厢房。这是第一进。第二进的结构为一脊分两堂，前后两天井，中有隔扇，有卧室四间，堂室两个。第三进，第四进或者往后的更多进，结构大抵相同。这种深宅里居住的往往是一个家族。随着子孙的繁衍，房子也就一进一进地套建起来，故房子大者有“三十六天井、七十二槛窗”之说。一般是一个支系住一进。门一闭，各家各户独立过日子；门一开，一个大门出入，一个祖宗牌下祭祀。它生动地体现了古徽州聚族而居的民风。

徽派建筑还有一个鲜明的特点，即无论大还是小的徽派建筑，均以堂屋为中心，注重内采光，以雕梁画栋和装饰屋顶、檐口见长。建筑原料为砖、木、石，以木构架为主，以木梁承重，梁架用料硕大，且注重内外装饰，广泛采用砖雕、木雕、石雕技艺，表现出高超的装饰艺术水平。构图、布局吸收了新安画派的表现手法，讲究艺术美，多用深浮雕和圆雕，提倡镂空效果，有的镂空层次多达十余层，亭台楼榭，树木山水，人物走兽，花鸟虫鱼集于同一画面，玲珑剔透，错落有致，层次分

明，栩栩如生，显示了雕刻工匠高超的艺术才能。

再以格窗为例，有方形、圆形、字形、什锦之分，方形分方格、方胜、斜方块、席纹等多种形态，圆形亦分圆镜、月牙、古钱、扇面等多种形态，字形分十字、亚字、田字、工字等多种形态，什锦分花草、动物、器物、图腾等多种形态。

格窗图案多采用暗喻和谐音的方式表现吉祥的寓意，如“平安如意”用花瓶与如意图案表示；“福寿双全”用寿桃与佛手

图案表示；“四季平安”是花瓶上插月季花；“五谷丰登”用谷穗、蜜蜂、灯笼组合；“福禄寿”用蝙蝠与鹿、桃表示等。格窗还采用蒙纱绸绢，糊彩纸，编竹帘等方法，增加室内透光。可谓一窗一世界、一格一风情。

千年龙隐地，九曲大洋湾。大洋湾坐落在古盐城市区东北隅，一湾清澈澄明的水面呈 W 状分布，除流经大洋湾的新洋港河主流外，大洋湾支流更是密集遍布，地洼水丰，河湖纵横，水资源极其充沛。再加之地形奇

特，树木葱郁，大洋湾成为一些稍有实力的人家建宅兴业的风水宝地。在历代居民的口口相传中，大洋湾过去曾有兴盛一时的街市，门店面河，客户以过往的运盐船和渔船为主，舟来楫往，市声鼎沸，煞是热闹。

让我们穿越时光隧道，用笔触来描绘这汉唐盛世的“东方港口”：古洋河碧波荡漾，浩渺无际的东海（当时无黄海一说）千帆云集，百舸争流，这些船只有的顺流而上，进入紧傍东海的大洋湾内作短暂休整，船上的巨富商贾与船民水手上得岸来，在盐渎古镇或谈着海盐、粮食生意，或交易着陶瓷、丝绸，使这座市镇终日顾客盈门，生意隆达。如果把它比作“东方威尼斯”，一点也不为过。可惜随着交通线路的迁移与变革，曾经热闹繁华的街市归于寂静，而留在古市镇的大多数古建筑或

被不断翻新，或毁于战火，遗存很少。

走进新时代，在大洋湾生态景区开发时，兴建盐渎古镇被列入了重点规划。盐渎古镇的“开篇之作”即是将清代盐商邓氏叶在雍正年间建造的盐渎古宅，按照历史原貌迁址于大洋湾重建。该古宅系典型的徽派建筑，

古色古香，楼中木雕古风犹存，整个建筑结构不用一钉一锔，门窗框上所雕三国或水浒的故事也栩栩如生，令参观者印象深刻。

除盐渎古宅外，大洋湾景区又按照总体规划，从安徽、江西、山西等地整体迁移原貌风格重建的古宅21座，

包括16栋明、清年间建成的徽派古民居及5座山西四合院。按照整体规划图，盐渎古镇总用地面积为125亩，除21座历史悠久、形制精美的老宅外，还新增部分配套商业建筑，最终形成36栋单体建筑构成的、融古典

与现代风格于一体的盐渎古镇，既体现了盐商特质的古街神韵，又反映了现代时尚的生活态度。

走进盐渎古镇，只见一弯青石板，小桥流水，垂柳依依，粉砖黛瓦，飞檐凌空，白墙朱门，雕梁画栋，天窗邀月，竹帘掩翠，数百年的沧桑，尽显大家气派。恍

如在上下几百年的时光隧道里自由穿行，既能体验古朴厚重的历史文化和“水绿瀛洲”的民俗民风，还能感受到现代文明的气息。

盐渎古镇的古宅众多，具有代表性也是首批对外开

放的古宅有四座，分别是敦怡堂、慎耻堂、桂复堂、和顺堂。

敦怡堂为二进院徽式建筑，砖木结构，面积480平

方米，原宅是清代咸丰年间进士方启宽的故居。据考证，该古宅建于咸丰十年（1860年），高高的马头墙体面大，遮盖面广，具有防火防盗的功能，同时具有分割住宅空

古宅内景

间，有利于排除雨水，吸热采光，冬日御寒，夏日降暑的作用。高大封闭的墙体，因为马头墙而显得错落有致，简洁的黑白对比在不经意之间传递着阴阳调和的哲学思想，编织着婉约的水墨之韵。进入宅内，映入眼帘的开合式天井是徽派民居的独特形式。天井完善了住宅的通风、采光功能，使天、地、家融为一体。室内空间全部采用木质结构，木刻雕工精美无比，有人物、山水、花鸟、走兽，一幅图案也是一段故事、一种寓意，为古宅增添了丰厚的人文色彩。

桂复堂亦是典型的官宅，它的原主人许廷桂曾在清代任正五品高官。史载，许廷桂是江西金溪县人，自幼聪慧，好读诗书。清咸丰九年（1859 年）参加本省恩科秋试，以第一名的成绩中得解元，次年又高中进士，授翰林院庶吉士。同治四年（1865 年）授职翰林检讨，后历任监察御史，工科、礼科给事中，云南临安府知府，江南道监察御史，京畿道监察御史等职。该宅原建于江西抚州，建成于同治四年（1865 年），其时许廷桂已授职翰林检讨（从七品），故其宅第建得十分气派。该宅为三进院徽式建筑，墙高宅深，檐飞角翘，木雕、砖雕、石雕古朴典雅，栩栩如生，堪称江南明清建筑的上

夜幕下的唐渎里（戚晓云摄）

乘之作。

慎耻堂是一代“茶王”罗坤化的老宅，为二进院徽式建筑，面积约 450 平方米。原宅建于江西九江，建成于光绪十七年（1891 年）。罗坤化是制茶高手，他制作的红茶被列为沙皇皇室饮品，并得到俄国太子“茶盖中华、价高天下”金匾相赠，因此其茶有“太子茶”之称，罗坤化亦获得“茶大王”之誉。作为巨商大贾，其宅第自然极尽奢华，前后院皆开天井，充分发挥通风、透光、排水作用，人居室内，可以晨沐朝霞、夜观星斗。经过天井的折光效应，直射日光变得柔和，给人以静谧之感。如遇雨天，雨水则通过天井四周的水枧流入阴沟，俗称“四水归堂”，意为“肥水不外流”，体现了徽商聚财、敛财的思想。

和顺堂的主人与慎耻堂主人一样，同为茶商。该宅建于清咸丰年间，原楼在江西婺源，婺源是中国迄今古建筑保存最多、最完好的地方之一。和顺堂的原主人余德和是婺源茶商中的杰出人物，而婺源茶商又是徽商中的一支劲旅。余德和作为茶商中的佼佼者，以其精工细作的茶叶、出色的经营方式在当地颇负盛名，其茶叶远销各地。其旧宅为典型的徽派风格，极具历史价值。在迁移修复余德和旧宅时，大部分建筑使用拆除的旧材料按照当年格式重建，以保持原宅风貌，对室内一些陈腐的木质材料，则以新的木材取代。凡保存完好的雕刻保持原貌，部分损坏严重的则聘请现代雕刻大师按图复原，使婺源的建筑文化再现盐城大洋湾。

盐渎古镇除了傍水而建的古建筑群外，还打造了独具水乡风情的古戏台。这让人联想起鲁迅先生的名作《社戏》，该文回忆了先生儿时坐船看戏的趣事。而类似鲁迅先生笔下的“社戏”，在大洋湾的历史上又何曾不是一道风景呢?

遥想当年，夜幕降临，大小船只会聚于大洋湾古戏台前，戏台上的灯光映照河中，桨声灯影里，戏班子卖力演出，船民们或坐或立，喝彩声从各个船上发出，那是何等壮观，可谓台上一戏、台下一醉。随着大洋湾古戏台的建成，那充满家乡味道的淮腔淮调，将在大洋湾源源不断地流唱下去，让人们顺着淮腔淮调穿越时空，神会先人，这又给盐渎古镇的水墨世界再添上一份新的神韵……

◇碧波廊桥忆三相

一曲新词酒一杯，去年天气旧亭台。夕阳西下几时回？

无可奈何花落去，似曾相识燕归来。小园香径独徘徊。

北宋天圣年间，一个暮春的傍晚，时任西溪盐仓税监的晏殊在花间小亭独酌，他是一个有极大政治抱负的人，却苦于年轻气盛、政治理想一直难以实现，担任官位甚微的西溪盐仓税监（从八品）。他借酒浇愁，岂料愁上加愁，面对眼前的百花凋落却无可奈何，遂触景生情，给后人留下了一首传唱千年的《浣溪沙·一曲新词酒一杯》。

晏殊生于宋太宗淳化二年（991年），自幼聪明好学，五岁就能赋诗作文，素有“神童”之誉。十四岁入试，赐同进士出身，他的前景本应是在锦瑟华年就青云直上，然而命运给他开了一个不大不小的玩笑，给他外放的只是一个几乎不入流的盐仓税监小官。

那时，晏殊才二十岁出头，年轻时仕途坎坷曲折，他的悲情愁绪也就在所难免。

但是，晏殊的悲春，只是其年少时的一个小插曲。

他在西溪盐仓税监任职期间，并未沉沦不前，他最大的贡献就是在当地兴办教育，曾创办西溪书院，为当地发现和培养了不少人才。

天圣五年（1027年），晏殊任应天府知府期间，因曾有过兴办西溪书院的“小试牛刀”，积累了丰富的办教经验，他大力扶持应天府书院，邀请尚未成名的范仲淹前来讲学，因此，他对范仲淹有莫大的提携之恩。应天府书院与白鹿洞书院、石鼓书院、岳麓书院合称宋初四大书院。

南浦春来绿一川，石桥朱塔两依然（戚晓云摄）

曲桥通幽

庆历年间，晏殊因政绩突出，官至集贤殿大学士，同平章事兼枢密使（相当于宰相、正二品）。去世时，仁宗罢朝两日，还亲去祭奠，并篆其碑首曰“旧学之碑”，谥号“元献”，恩隆极誉。

有为青年晏殊实现了从小小盐仓税监到宰相的人生逆袭，但他并不是首例。在他之前，还有一个叫吕夷简的年轻人，在宋真宗年间（约 1007 年）时到西溪任盐仓监。在任期间，针对官府因盐仓破旧、仓储有限，不得不限量收储、影响盐民收入的弊端，他和各个盐场灶团商量，决定在西溪大规模扩建盐仓，提高收盐数量，增加了盐民收入。当地盐民念及吕夷简的功劳，曾以他的姓命名一处盐灶——吕家灶。

吕夷简从政、读书之余，喜欢种植花卉草木，他曾亲手移植牡丹一株，护以朱栏，不忍攀折。每年春天，花开数百朵，为海滨奇观。他为此作有咏牡丹诗一首，诗云：

异香秾艳压群葩，
何事栽培近海涯。
开向东风应有恨，
凭谁移入五侯家？

牡丹因国色天香，只有大户人家才能种植。而从吕夷简这首诗中，不难看出他的亲民思想。这首诗后来传到了淮南中十场，人们争相抄读传诵。有人还特地慕名来到西溪观赏牡丹，还有人偷偷剪了花枝增植，吕夷简对此睁一只眼闭一只眼，任由他们去。因此，牡丹花自吕夷简在海滨培植开端之后，一发而不可收，整个淮南中十场（含大洋湾）都能见到牡丹盛开、争奇斗艳的场景。

宋仁宗登基之初，吕夷简任同平章事（相当于宰相、正二品），后授司徒，以太尉致仕，封为申国公（从一品），后徙为许国公，卒谥“文靖”。

除吕夷简、晏殊两位从盐城西溪走出的宰相外，从

大洋湾廊桥

西溪走出的另一位宰相范仲淹，在盐城人的记忆中最为深刻。

范仲淹字希文，苏州吴县人。其幼时丧父，母改嫁于长山朱氏，从其姓朱。长大后，他辞别母亲，外出游学，颇有所获，宋真宗大中祥符年间考中进士，中进士后任广德军司理参军（从八品）。当官后，他改为本姓“范”。宋天禧五年（1021 年）以文林郎、试秘书省校书郎、权集庆军节度推官（从八品）的身份，来到西溪任盐税监，时年 33 岁。

范仲淹对提携他的师友晏殊极为尊崇，到任后特将晏殊创办的书院更名为“晏溪书院”，以铭师恩。他在西溪任职期间，盐城海潮泛滥，大洋湾西侧一带受海潮侵蚀尤甚，每到秋潮涨起，海水倒灌进西乡良田与民舍，常导致农田颗粒无收，民舍倒塌，百姓不堪其苦。

“为官一任，造福一方”，这是范仲淹一贯坚持的从政理念。北宋天圣二年（1024 年），他上书泰州知州张纶，建议急速修复捍海堰，以救万民之灾。时有权臣责备范仲淹越职言事，范仲淹回敬道：“我乃盐监，百姓都逃荒去了，何以收盐？筑堰挡潮，正是我分内之事！”

也有大臣以筑海堰后难以排水，极易出现积淤的理由而予以反对。范仲淹的顶头上司兼好友张纶熟知水利，他积极支持范仲淹，说道：“涛之患十之九，潦之患十之一，筑堰挡潮，利多弊少。”他采纳了范仲淹的建议，奏请朝廷批准，并命范仲淹负责修筑捍海堰。

得到恩准后，范仲淹遂率海滨四万余民众及部分士卒，围海造堤。这项浩大的修堤工程进行时正值隆冬，雪雨连旬，潮势汹涌，迫岸而来，民夫和士卒因惊慌失

措，四处逃散而陷入泥泞中淹死二百余人。有人趁机上书朝廷，反对修堰，于是朝廷决定暂行停工，并派淮南转运使胡令仪到泰州查勘实情。

胡令仪系河南开封人，曾于宋代淳化、至道年间任如皋县令，深知古捍海堰年久失修，农田、盐灶和百姓生命财产难以保障。察看后，胡令仪对范仲淹的修堤之举大加赞赏，他与张纶联名奏明朝廷，力主修筑，捍海堰又获准继续开工。

天圣四年(1026年)，修堤工程尚未完工，范仲淹的母亲谢氏去世，范仲淹离任回籍守丧。守丧期间，他还是放不下政事，屡次给张纶写信，请张纶无论如何要坚持将捍海堰修成，并表示若有事故，朝廷追究，他愿一人独担其咎。

次年，张纶接续负责捍海堰工程指挥，于当年秋施工，第二年春完成，前后历时四载，终将捍海堰修成。堰长25696.6丈，堰基宽3丈，高1丈5尺，顶宽1丈。

堰成后沿海居民受益显著。外出逃荒的两千余民户回归家乡，百姓得以安其生，农灶两受其利。

人们为接力主持完成工程的张纶立了生祠，也未忘记首倡和实际促成者范仲淹。从明代以后，人们即将阜宁至吕四的海堤统称为范公堤。清代乾隆十九年进士、西场仲鹤庆曾诗赞范仲淹，诗云：

茫茫潮汐中，矶矶沙堤起。
智勇敌洪涛，胼胝生赤子。
西塍发稻花，东火煎海水。
海水有时枯，公恩何日已？

范仲淹后来官至参知政事（相当于宰相、正二品），成为从西溪盐仓税监走出的第三位宰相，故在盐城本地有“西溪三相”之说。

紧依大洋湾的范公堤边，曾布满绿草柳荫，每到雾气升腾和下雨时景色极其优美，由此命名“范堤烟雨”，被列为“盐城古八景”之一。清人高岑曾有诗赞《范堤烟雨》，诗云：

拾青闲步兴从容，清景无涯忆范公。
柳眼凝烟眠晓日，桃腮含雨笑春风。
四围碧水空蒙里，十里青芜杳霭中。
踏遍芳龄一回首，朝暾红过大堤东。

斗转星移，沧海桑田，千年倏忽而过，虽范公堤现已失却其捍海之能，但范公堤和范仲淹及他的千古名言“先天下之忧而忧，后天下之乐而乐”已永载史册，流芳百世。中华人民共和国成立后兴修的204国道盐城段原是由范公堤改造而成，西距大洋湾甚近的原204国道市区段，现已成为车水马龙的开放大道。

大洋湾拱桥

随着公路交通的迅猛发展，204国道现已迁址拓宽，不少地段已离开了古范公堤。但范公堤对盐城的贡献，将永远铭刻在人们的记忆深处。

政声人去后，民意闲谈中。为纪念“北宋三相”造福盐城的恩德，大洋湾生态景区特地规划建成了一座仿古廊桥“三相桥”。廊桥曲曲折折，如游龙卧波，古意悠悠，当我们从桥上徜徉走过时，恍如穿过时间的长廊，依稀在岁月的那头，看到正手植牡丹的吕夷简，看到正把酒赋词的晏殊，看到正身先士卒修堤的范仲淹……

◇奇湾奇观金楠馆

楠树色冥冥，江边一盖青。
近根开药圃，接叶制茅亭。
落景阴犹合，微风韵可听。
寻常绝醉困，卧此片时醒。

唐代大诗人杜甫一生著作颇丰，给后人留下的诗作有上万首。但专门吟咏树木的诗歌不多，这首《高楠》是其吟咏树木难得一见的诗作。

楠树凭什么能引起“诗圣”杜甫的关注，倾情为之作诗？要解开这个谜，首先要了解楠树的前世今生。楠树，也称“桢楠”，大乔木，树干通直，成年楠树可高达30余米，非一般树木所能比，这应该是杜甫为该诗作取名《高楠》的来历。

楠木以其生于深山幽谷而遗世独立。主要产于中国四川、湖北西部、云南、贵州及长江以南省区。楠树的高，不仅仅是指其生长高度之“高”，更指其品质之“高”。特别是被列为国家二级保护植物的金丝楠木，别称桢楠或紫楠，是楠中精品，以其朴实无华的外表，包裹着仿若流光溢彩的木纹，蕴含着天地之精华和灵气，沉凝而厚重，大气而内敛。《博物要览》中记载：“金丝者出

金丝楠木馆外景

川涧中，木纹有金丝，楠木至美者。”

金丝楠木其色浅橙黄略灰，木性温润细腻，纹理淡雅文静，其中有极致之美者小叶桢楠，在阳光下金光闪闪，灿若云锦，其高贵华美，摄人心魄。它所具备的高品质，正与中国传统文人所追求的沉凝大气、华而不奢、从容优雅、含而不露、温润雍然、卓尔不群的精神情趣相通暗合。故此也促使金丝楠成为寄托士大夫精神的最佳载体之一，广为文人名士珍藏雅赏。历代文人亦不吝

金丝楠木馆内景

笔墨，抒发着对楠木的由衷喜爱。

唐肃宗时，剑南节度使史俊所吟《题巴州光福寺楠木》一诗，其中“结根幽壑不知岁，耸干摩天凡几寻”“凌霜不肯让松柏，作宇由来称栋梁”，将楠木的法度严谨、气象森然演绎得淋漓尽致。明代李时珍在《本草纲目·木一·楠》中记载：“楠木生南方，而黔、蜀诸山尤多……巨者数十围，气甚芬芳，为栋梁、器物皆佳。盖良材也。”

晚明谢在杭在《五杂俎》中提到：“楠木生楚蜀者，深山穷谷不知年岁……中有纹理，坚如铁石。试之者，以暑月做盒，盛生肉，经数宿启之，色不变也。”大意是，谢在杭偶然得到一小块金丝楠木，改制成食品盒，装上鲜肉,隔了几天，鲜肉都不变色。

清代小横香室主人所撰《野史大观·清代述异二》记载:“楚、粤间有楠木，生深山穷谷，不知其岁也。”在清代随园主人袁枚眼中，金丝楠所形成的阴沉木更是充满神秘之美：“相传阴沉木为开辟以前之树，沉沙浪中，过天地翻覆劫数，重出世上，以故再入土中，万年不坏。其色深绿，纹如织锦。”寥寥数语，便以其岁月之悠远，生命之久长，而使人心生敬畏。

金丝楠木的纹理丰富多变，加上它可分为阴阳两面的特性，不同角度能够呈现出不同的颜色。按其纹理分类，大致分为五个级别：普通级，纹理呈现金丝纹、布格纹和山峰纹；中等级别的纹路有普通水波纹、新料黑虎皮纹、金峰纹及形成画意的峰纹等；精品纹理有老料黑虎皮、金虎皮纹、金线纹，金锭纹、云彩纹、水滴纹、水泡纹等；极品纹理有极品水波和极品波浪纹、凤尾纹、密水滴、金菊纹、芝麻点瘿木、丁丁楠云朵纹等；珍品纹理有龙胆纹、龙鳞纹、金玉满堂纹、玫瑰纹、葡萄纹瘿木和形成美景、鸟兽图案的纹理。

金丝楠木馆门环

金丝楠木榫头

金丝楠木除金丝的不同纹理外，还带有天然的淡雅幽香，加之结构细密，不易变形和开裂，其特点大致有五：一是耐腐。埋在地里可以几千年不腐烂，所以皇帝的棺木多采用金丝楠木；二是防虫。金丝楠木有楠木香气，以其木箱柜存放衣物书籍字画等均可以避虫，所以皇家书箱书柜都定金丝楠木，现代有极贵重的书籍和纪念品，只要有条件也要金丝楠木做盒；三是冬天触之不凉。皇宫中常用金丝楠木制作床榻，冬天不凉，夏天不

热，不伤身体，而其他硬木则不具备此优良特性；四是不易变形，很少翘裂；五是纹理细密瑰丽，精美异常。金丝楠木质地温润柔和，纹理细腻通达，新切木表面黄中带绿，遇到下雨能散发出阵阵幽香。

基于这五大特点，在历史上，金丝楠木一直被视为最理想、最珍贵、最高级的建筑用材，因产出少，只能专用于皇家宫殿、少数寺庙的建筑和家具。古代封建帝王龙椅宝座都要选用优质楠木制作，金丝楠木也由此被为“皇帝木”。

在元代，楠木已经广泛应用于宫廷家具的制作。元末陶宗仪《南村辍耕录》中就有关于金丝楠木制作的宝座、屏风床和寝床的记载，书中还提到了以楠木为建材建造的皇家建筑后香阁。据记载，后香阁东西长140尺，高75尺，阁上御榻二，柱廊中设小山平床，皆楠木为之，而饰以金，寝殿楠木御榻，东夹紫檀御榻，香阁楠木寝床，金篓褥，黑貂壁幛。

随着元灭明续,明代皇宫中的建材亦首选金丝楠木。大明永乐四年（1406 年）诏建北京宫殿时就“分遣大臣采木于四川、湖广、江西、浙江、山西”，这在明史上有明确的记载。明代的宫城和城楼，寺庙、行宫等重要的建筑，其栋梁必用楠木。《明史》中关于楠木的记载，如《明史》卷三十，正德十年，宣慰彭世麒献大木三十，次者二百，亲督运至京，赐敕褒谕。

北京故宫及现存上乘古建筑多为楠木构筑。如文渊阁、乐寿堂、太和殿、长陵等重要建筑都以楠木装建及制作家具，并常与紫檀配合使用。如明十三陵中，建成于明永乐十一年（1413年）的，明成祖朱棣的长陵棱恩殿，占地1956平方米，全殿由60根直径1.17米、高14.3米的金丝楠木巨柱支撑，黄瓦红墙，垂檐庑殿顶，是中国现存最大的木结构建筑大殿之一。

清代前期国力强盛，统治者追求穷奢极欲的豪华生活，起居坐卧家具的制作也是极尽工巧。这一时期对于楠木的需求量也是一直保持在高位，据清宫档案记载，康熙年间金丝楠木木桌长 96 厘米，宽 64 厘米，高 32 厘米，桌子做成炕桌式样，桌面镶嵌银板，牙板为直牙条，四条腿直下，足尖是内翻马蹄足。

清康熙年间修建的承德避暑山庄的主殿——澹泊敬诚殿，也是一座著名的金丝楠木大殿。还有清西陵道光帝的慕陵隆恩殿、配殿建筑木构架均为楠木，并以精巧的雕工技艺雕刻出 1318 条形态各异的蟠龙和游龙，以蜡涂烫，壮美绝伦。

金丝楠木资源珍稀且生长极为缓慢，到生长旺盛的黄金阶段需要上百年，成为栋梁材至少需两百年以上。且历经数代封建王朝的无度开采，金丝楠木在民间极其鲜见。中华人民共和国成立后，有幸遗存下来的金丝楠木建筑已是寥若晨星。让人啧啧称奇的是，随着大洋湾“奇水奇湾”的发掘和有序开发，竟引得一金丝楠木馆的入驻。该馆占地面积约合 1000 多平方米，建筑面积近700平方米，金丝楠木共耗材600多立方米。这是国内外前所未有的以金丝楠木为主题的四合院建筑，极其珍贵，成为大洋湾的一大奇观，与盐渎古镇、温泉并称为大洋湾“三宝”之一。

金丝楠木馆遵循传统北京四合院之二进院落方式布局，并在此基础上做了改进，开辟了对外界比较隐秘的庭院空间，平面曲折迂回，立面高低错落。绿松小径，樱花飞舞，小河蜿蜒，拱桥引伸，青砖灰墙，琉璃铺顶，金砖墁地，楠香留韵，更彰显整体建筑的古朴典雅与富

丽堂皇，是游览参观的极美场所。

金丝楠木馆大门——广亮门，敞亮华贵，门板框厚度超过 8 厘米，每扇门宽 1.03 米，高 2.52 米，门板采用独块对子板，十分难得，造价昂贵，大门两侧院墙镶嵌古典石雕，品味高雅。进入大门后第一道院子，南面一排朝北的房屋，便是倒座房，屋内布置各类金丝楠木民族乐器、工艺品等，右边为智能系统控制室，且独立成院。

穿过华美的垂花门，展现在眼前的建筑分别是正

房和生活配套的东西厢房。其中，正房展示着一座1.8米高的金丝楠木角楼以及斗拱结构，该角楼曾于2016年在国家博物馆参加第三届全国双年展。东厢房供奉着目前国内最大一尊金丝楠木潇洒自在观音像和两个金丝楠木佛首，这两个佛首也曾因独特大胆的创作构思、精湛的雕刻技艺入选中国当代工艺双年展。西厢房陈列了国内首架金丝楠木飞天钢琴，极其稀有的龙胆纹古琴、古筝、二胡等民族乐器，钢琴木材皆选用名贵的金丝楠木。

金丝楠木馆内外院地面皆以青石、汉白玉铺贴，砖面更是采用中国古代四大发明之一的活字印刷术，深雕《百家姓》，更添加了几分文化气息。

木头只是大自然的恩赐，本身没有文化，用木头制作出的艺术珍品才能上升到文化层面。中国首座金丝楠木四合院在大洋湾景区正式落成以来，每天都有络绎不绝的游客前来一睹风采。这种天赐神木与经典四合院融合在一起，让每一个来访者无不惊艳连连、叹为观止。该馆已经成为展现中华传统文化的有效载体，将一代一代地流传下去。

◇ 乡情难却八大碗

呼大碗来闲对月
遇佳肴吃懒看花

群芳竞艳春无价
八碗分香人有情

这两副对联，是中华诗词学会副会长、《中华诗词》主编高昌先生品尝过久负盛名的盐城八大碗后，余味绕舌之余，即兴创作而成。

高昌先生知识渊博、著作颇丰。尤其对源远流长的中华诗词颇有研究，曾提出“人是诗之本，诗是人之光”之说，引起学界共鸣。他创作的这两副对联，看似寻常却有超然之处。

八大碗

说“寻常”，是联句的字里行间，无故作高雅之态，字字接地气。而这正契合了盐城八大碗浓浓的乡土气息；说“超然”，是联句意境深远，且看“遇佳肴吃懒看花”这句，花虽艳，怎及盐城八大碗的香气扑鼻？再看“八碗分香人有情”这句，由食及人，将亲情、友情、乡情融为一体，道出了盐城八大碗的情深意浓、乡愁难却。

盐城八大碗指的是烩土膘、大鸡抱小鸡、糯米肉圆、萝卜烧淡菜、涨蛋糕、芋头虾米羹、红烧肉、红烧刀子鱼。若论流派，盐城八大碗属于淮扬菜系中的一支流派，传承了淮扬菜选料严谨、刀工精细、烹制考究、因材施艺的烹制特点，擅长炖、焖、蒸、烧、炒、烩、煎、贴等，

盐城八大碗

注重调汤，保持原味，口感清鲜，浓而不腻，淡而不薄，酥烂脱骨不失其形，滑嫩爽脆不改其味。

但盐城八大碗又与淮扬菜同中有异：一是善用地产

食材，不舍近求远；二是接地气、近民众，特色菜肴符合普通民众需求，价廉菜美；三是不断推陈出新，有历经数百年仍然具有旺盛生命力的传统菜肴，也有与时俱进的创新菜品。还以其“半汤半菜、以汤为主”的特色，标注了鲜明的地方文化特征。

关于盐城八大碗的来历，其民间传说可追溯到三国前期。相传，盐渎县（古时盐城）有史记载的第一任县丞孙坚（三国吴王孙权之父）刚到任，就遇到一件奇案，反复侦查仍毫无头绪。一天夜里，孙坚突然从睡梦中惊醒，连夜令木匠打制了一张四方桌，桌上摆放八碟八筷、八杯八盏、八碗大菜，随后孙坚点着一炷香，恭请八位神仙品尝，并恳请诸神指点迷津。当夜梦里孙坚便得到神仙的点拨，迅速破案。

从此民间把四方桌称为“八仙桌”，百姓纷纷效仿孙坚，在各自家中摆放八份大碗菜供奉八位神仙，希望能够保佑家中平安和睦。经过近两千年的传承和发展，演变为我们今天耳熟能详的“盐城八大碗”。

而到隋末时，农民起义领袖韦彻在盐城称王，自置

官署，修建宫殿，占据盐城达七年之久。在这期间，韦彻为显示“帝王”身份，在八大碗宴席中加入更多名贵食材，让八大碗这种民间菜肴得以进入宫廷。从此，盐城八大碗便有了下八碗、中八碗、上八碗三大类，用来招待不同地位的客人。

上八碗用料名贵，匠心烹制，称为鱼翅席。这八大碗菜肴分别是：清汤鱼翅、鸡粥海参、烩三元、鸽蛋扣瑶柱、肉饼炖野鸭、扒鹿肉、黄鱼羹、糟香蒸鲥鱼；中八碗食材精良，技法考究，称为鱼肚（膘）席。八大碗菜肴分别是：什锦烩鱼肚、奶汤鱼乎、面拖蟹、拆烩甲鱼、清炖老鸭、红烧鳗鱼、蛤蜊羹、清蒸鳜鱼；下八碗来自民间，取材亲民，蕴意深刻，称为土膘席。八大碗菜肴分别是：烩土膘、大鸡抱小鸡、糯米肉圆、萝卜烧淡菜、涨蛋糕、芋头虾米羹、红烧肉、红烧刀子鱼。

历经岁月的洗礼，能够流传至今的盐城八大碗，即指源自民间的“下八碗”。

烩土膘是盐城八大碗的头道菜，也称“江北头道菜”。据《盐城县志》记载，鱼鳔历来为盐城贡品，非常珍贵。聪明的盐城人将猪皮涨发，制成鱼鳔的形状，称之为“土鳔（膘）”。相传元朝末年，盐城一带的盐

烩土膘

民起义领袖张士诚缺少一位足智多谋的军师，听说白驹镇的施耐庵是个人才，就把他礼请到军中，设宴款待。火头军烧了一碗肉皮上桌，施耐庵异常喜爱，问张士诚这道菜的名字，张士诚答道：“会南阳”。原来这是张士诚把施耐庵比作诸葛亮，以表求贤之心。从此“会南阳”这道菜就在盐城一带广为流传，最后演变为八大碗中的“烩土膘”。这道菜的原料为：水发肉皮，水发木耳，猪骨汤，慈姑，青蒜花，盐，麻油，胡椒粉，葱段，姜，豆油，猪油。烹饪时先将水发肉皮用苏打清洗，漂净碱水，飞水备用，同时将慈姑片、水发木耳洗净飞水备用；用葱姜炝锅，投入主辅料和汤煮制，待汤汁浓白后投入盐调味；出锅装汤碗后撒入青蒜、麻油、白胡椒粉。成品肉皮软糯，汤汁饱满。这道菜的寓意为“求贤若渴，礼贤下士”。

第二道菜是大鸡抱小鸡。相传东汉末年，战火不绝，盐城百姓生活艰苦。《后汉书·华佗传》记载，神医华佗多次到盐城一带治病救人。一日，华佗为一小儿治病，感觉小儿非常虚弱，叮嘱家人要补充营养。无奈小儿家

大鸡抱小鸡

实在贫困，只有一只生蛋的母鸡和几个鸡蛋，老母亲就将母鸡宰杀，将整鸡与鸡蛋一同烧给小儿吃，小儿食后，觉得味道特别鲜美，顿觉精神好了很多。小儿问母亲菜名，老母亲就请华佗起名。华佗看着小儿依偎在母亲怀中，触景生情，便起名为“大鸡抱小鸡”。自此这道菜在盐城一带便流传了下来，后人也用鸡丝代替整鸡。这道菜的原料为：熟鸡丝，鸡蛋，葱段，姜片，原汁鸡汤，鸡油，木耳，盐，胡椒粉，青蒜花。烹饪过程：现拆的熟鸡丝，原卤定碗蒸；葱段、姜片热油炝锅，入原汁鸡汤和木耳、无壳熟鸡蛋煮制；将鸡丝和辅料定形，装入汤碗中，撒入青蒜花，胡椒粉即成。其特点是蛋香鸡嫩，汤汁醇厚。这道菜的寓意为“母慈子孝，舐犊情深”。

第三道菜是糯米肉圆。元朝末年，朝政腐败，百姓苦不堪言。黄海之滨的盐民们虽然终日积薪晒灰、淋卤熬盐，却不能温饱。白驹场（现盐城大丰）张士诚联络了十七名胆大的盐民起义反元，史称“十八条扁担起义”。

糯米肉圆

在起义胜利的庆功宴上，厨师们准备给将士们做肉圆来庆祝胜利。由于当时将士较多，猪肉数量不足，于是厨师们想出了一个办法：把煮熟的糯米加入猪肉中拌成肉圆，虽然外形和猪肉圆无异，但吃起来却比纯肉圆更可口。自从将士们吃了糯米肉圆，胜仗连连，“吃糯米肉圆打胜仗”的吉祥兆头便流传开来。这道菜的原料为：五花肉丁，猪肥肉丁，圆糯米，马蹄丁，色拉油，猪骨汤，葱，姜，鸡蛋，淀粉，盐，生抽，白糖，胡椒粉，麻油，青蒜花。烹饪时先将圆糯米冷水浸泡 4 小时以上，蒸熟加入肥肉丁拌匀；五花肉丁加蛋、盐、姜、葱、麻油、胡椒粉，拌上劲出肉香味后，加入少许汤和淀粉，再上劲后和入糯米、肥肉丁、马蹄丁，再上劲后挤成肉圆生坯；待油加热至七成油温，入锅炸制断生，表皮香脆即出锅；肉骨汤加生抽、白糖、葱、姜，制成汤；将炸好的肉圆放入预制好的汤中大火烧开，小火炖至酥软，装盘撒入蒜花即可。其特点是香糯可口，酥嫩鲜美。这道菜的寓意为“顺顺利利，团团圆圆”。

第四道菜是萝卜烧淡菜。相传北宋年间，海水倒灌

萝卜烧淡菜

成灾，范仲淹奉命在盐城一带修筑海堤(今范公堤)。由于工程浩大，工期较长，临近完工期限又遇秋涝，民工粮草紧缺，饥肠辘辘。范仲淹带着伙夫来到海滩，找到大量贻贝，捡回与萝卜同煮，味道极鲜。于是，他发动民工，大量铲取贻贝，吃不完的就煮熟晒干。由于煮时不放盐，故称之为“淡菜”。淡菜有着青褐色的外壳和鲜橙色的贝肉，似是一个美艳的夫人披着深色的风衣，渔民们亲切地称其为“黄海夫人”。此后，萝卜烧淡菜便成为盐城的美食之一。这道菜的原料为：淡菜，白萝卜，淡菜汤，盐，葱段，姜片，青蒜花，猪油，豆油，胡椒粉、麻油。烹饪时先把白萝卜切成筷子头粗条，飞水，熟化；将锅爆香，加入淡菜、萝卜煸炒，再加入淡菜汤，烧入味，出锅装碗；撒入白胡椒粉、青蒜花、麻油即成。其特点是萝卜酥糯，淡菜味美。这道菜的寓意为“同舟共济，真情实意”。

第五道菜是涨蛋糕。相传古时，登瀛桥下住着一户

涨蛋糕

周姓大家，二十几口人住在一起，其乐融融。周老先生才学深厚，子女个个知书达理。某年由于周老先生得罪了朝廷，被罢官在家，家境大不如前，原先家里孩子们每天一人一个鸡蛋也不能保证了。于是周家长孙周礼就把自己的鸡蛋省下来分给弟弟妹妹。日子久了，周礼渐渐消瘦，聪明的二弟心疼周礼，就请求厨娘将鸡蛋打碎做成鸡蛋糕，这样兄弟姐妹就个个能吃到了。周礼看到二弟端来的鸡蛋糕后很是感动，兄弟的感情愈加深厚，日后兄弟二人参加科举，连连高中。从此，涨蛋糕便成了兄弟和睦、兄友弟恭的代名词，也有连连高中的寓意。这道菜的原料为：草鸡蛋，韭菜段，猪骨汤，盐，胡椒粉，姜片，葱段，菜油。烹饪时，将鸡蛋打入碗中搅匀，让打碎的蛋液倒入锅中，中火定型，小火加盖烙制，成圆饼状出锅，切成菱形块备用；葱段、姜片热油炝锅，加入蛋糕块、汤，大火烧开，中火烧制 2 到 3 分钟；加入盐后，撒入韭菜段，烧沸出锅装入碗，撒入白胡椒粉、麻油。特点是入口香松，色泽诱人。这道菜的寓意为“兄弟和睦，步步高升”。

芋头虾米羹

第六道菜是芋头虾米羹。古时盐城先民以捕鱼为生，收网时总有一些小虾掺杂其中，渔民们将其晒成虾米。晒干了的小虾保留了虾子原有的鲜味，还掺杂着盐味，形成了鲜而不腻的味道。而虾米与芋头的“亲密接触”，据传源自南宋年间。出身于盐城的南宋左丞相陆秀夫，自幼酷爱读书，五岁入私塾时，就被老师称为“非常儿”。乡试、县试、州试屡获第一，礼部会考与文天祥同登进士榜。陆秀夫每次考试前，其母总要用芋头、虾米做羹，让陆秀夫吃后赶考。以此默默期盼儿子，出门遇到贵人，考试顺顺利利。于是，乡人纷纷效仿，“芋头虾米羹”这道菜便广为流传开来。这道菜的原料为：淡虾米，芋头丁，熟肉丁，盐，猪骨汤，胡椒粉，麻油，姜，葱，青蒜花。烹饪时，将锅爆香加入芋头丁、熟肉丁、虾米等煸炒，再加入汤煮制 2 分钟，最后加盐调味后，出锅装碗并撒上青蒜花、麻油、胡椒粉。特点是汤汁浓稠、入口爽滑。这道菜的寓意为“祈遇贵人，好运连连”。

第七道菜是红烧肉。那更是令人耳熟能详——“净

红烧肉

洗铛，少著水，柴头罨烟焰不起。待他自熟莫催他，火候足时他自美。”这首名为《猪肉颂》的词，出自北宋大文豪苏轼之手。苏轼的诗词，既有“大江东去，浪淘尽，千古风流人物”的干云豪气，也有“会挽雕弓如满月，西北望，射天狼”的奔放锐气，但在这首诗中，苏轼收敛了他的豪气、放低了他的锐气，他变得人间烟火气十足，短短一首小诗，却道出一道家常菜“红烧肉”的制作方式，人们也称之为“东坡肉”。盐城八大碗中的红烧肉也富有盐城特色。南宋著名抗金女英雄梁红玉随夫韩世忠转战淮安、盐城、镇江等地，多次击败金军，被封为“安国夫人”“护国夫人”。转战盐城期间，韩世忠、梁红玉夫妇曾设军帐于盐城永宁寺。此间，抗金名将岳飞曾四次到访盐城，商讨抗金大计。相传，岳飞爱吃东坡肉，韩世忠、梁红玉夫妇便向岳飞讨教东坡肉烧法用以劳军，并用五花肉和面酱为主、辅料，做出红烧肉待客，岳飞吃后连声称赞好吃。就这样，红烧肉便伴随着抗金故事在盐城流传开来。这道菜的原料为：带皮五花肉，姜片，葱，冰糖，生抽，盐，菜油，青蒜花。烹饪过程为，炒锅烧红后，将带皮五花肉皮面下锅，烙至皮面焦黄，冷水中刮洗干净；肉下冷水锅煮至断生，切方块；炒锅滑油，放入肉块，加入葱姜、冰糖炒上色，加入生抽和少量原卤，大火开后小火焖制，肉酥烂后收汁成黏稠明亮，出锅装碗，撒上青蒜花。其特点是肉香浓郁、肥而不腻。这道菜的寓意为“事业兴旺，生意红火”。

盐城八大碗最后一道菜是红烧刀子鱼。盐城是“百水之城”，宴席上自然不能没有鱼。刀子鱼又名鲫鱼，它们的生长环境要求低，只要是有水的河沟它就能繁育。

红烧刀子鱼

为什么称之为刀子鱼？这里面还有一个传说。相传张士诚在草埝带领盐民攻打高邮城，半夜里盐民们爬上高邮城墙头，人人手里舞一把刀，杀声四起，那些大刀在月光下闪闪发光，把守城的元朝官兵吓得屁滚尿流，跑不掉的也只好跪在地上求饶。仅用一个晚上，张士诚的兵马便打下了高邮城，还杀了州知府。天亮了，元兵俘虏才发现，原来张士诚的部下手无寸铁，每人手里只有一条毛竹扁担，扁担上绑着一条大鲫鱼，看上去就像闪闪发光的大刀，大家便把鲫鱼叫“刀子鱼”。后来，张士

诚打了胜仗，也喜欢用红烧鲫鱼犒劳部队，红烧刀子鱼就流传开来。这道菜的原料为：鲫鱼数条，盐，青红椒，香菜，葱姜，生抽，老抽，菜油，豆油，猪油，水磨辣椒，白糖。烹饪过程：鲫鱼治净；葱姜爆锅，入水磨辣椒炒香，加入老抽、盐、生抽、白糖，调正味后，加入沥干水的鱼，中火烧开；烧开后小火煮 10 到 15 分钟，入味；中火收汁后，加入青红椒、香菜，出锅装碗即成。其特点是色泽红亮，肉质细嫩。这道菜的寓意为“家庭美满，连年有余”。

“盐城八大碗”蕴含着盐城浓浓的乡土气息，也饱含盐城人的质朴品质，更展示了盐城人向往美好生活的淳朴民风。高昌先生来大洋湾品尝到盐城八大碗后，除了留下两副楹联外，还赋诗一首，盛赞盐城八大碗，诗云：

侧身尘世食为天，月白风清俱有缘。

大碗沧桑尝百味，静思至美在陶然。

盐城八大碗的烹制技艺经过世代传承，已成为盐城最具地方特色的美食品牌。为保护并推广盐城八大碗品牌，盐城城投集团多年来致力于商标申请和品牌创建。2017年，“盐城八大碗”被国家工商总局商标局正式核准注册为“集体商标”，成为全国首个有身份的地方菜。

近年来，盐城围绕盐城八大碗精心培育产业链，设立了“盐城八大碗”餐饮文化研究中心和品鉴店，根据民众生活水平的提高和饮食习惯的变化，博采国内各菜系之长，按“以味为核心，以养为目的”的要求，上承淮扬菜传统谱录，下采民间风味小吃，外涉世界各国名菜，内及国内八大菜系，广采博取，撷英集精，突出体现了现代饮食“三低一高”(低盐、低糖、低脂肪、高蛋白)的科学要求，对八大碗传统菜肴进行了创新和改良，为八大碗菜系增添更多的新鲜美味。大洋湾生态景区在唐渎里美食街创设盐城八大碗展示馆，向游客展示香气扑鼻的盐城美味和源远流长的美食文化。

盐城八大碗还作为盐城对外招商引资的美食名片，

登陆央视平台宣传，让全国公众广为知晓，甚至走出国门——盐城城投集团先后在新加坡、韩国、日本等国家申请注册了“盐城八大碗”国际商标，使“盐城八大碗”得以漂洋过海、四海飘香。

◇一寸春心樱花恋

小园新种红樱树，闲绕花枝便当游。
何必更随鞍马队，冲泥蹋雨曲江头。

樱花，象征着爱情与希望，她浪漫、高雅、质朴、纯洁。满树白色、粉色的樱花，似是对情人诉说的最美情话。人间花语，一往而情深。对于樱花，古代文人墨客吟咏不断，如本文开篇所引诗句，即为唐代诗人孟郊所作的《清东曲》，其他诸如李白、白居易等大诗人，均曾咏樱抒情、借花寄语。尤其是元稹所作《折枝花赠行》诗：

樱花树下送君时，

一寸春心逐折枝。

别后相思最多处，

千株万片绕林垂。

诗人借樱花抒发离别之苦、相思之情，可谓淋漓尽致、扣动心弦。

樱花原产北半球温带喜马拉雅山地区，分布地区包括印度北部、中国长江流域、中国台湾地区、朝鲜、日本，以中国西南山区各类最为丰富。樱花种类繁多，多达200多个品种。其中有名的品种有：

花笠，品种强健多枝。花呈散束状开在叶子之上，花蕾呈深红色，开花时直径达3—6厘米，花瓣约34—40枚，属大型近红色之重瓣花。

寒绯樱，原生于喜马拉雅，是所有樱花品种中最早开花的品种之一。颜色界乎桃红色与粉红色之间，花形如钟一样悬垂。每年1—3月，花先叶开，整束繁花似锦，为日本国花之一。

关山樱，俗称“红缨”。八重樱的一个代表性品种，在中国广泛栽种，花期3月底或4月初，花叶同开。花浓红色，花茎6厘米左右，瓣约30枚，2枚雌蕊叶化，因此不能结实，花梗粗且长，嫩叶茶褐色，小枝多而向上弯。

太白樱，树形伞状，花瓣 5 枚，花色雪白。花朵大小为大朵、白色单层花瓣。该品种是英国于 1932 年赠送给日本的樱花，“太白”之名，是元公爵鹰司信辅所命名的。

恐是赵昌所难画，春风才起雪吹香（戚晓云摄）

山樱，每年 1—4 月开花，开花期不长叶子，花色多为深桃红色，3—5 朵共生，并有下垂性，多为单瓣。白居易诗云：“亦知官舍非吾宅，且斸山樱满院栽。上佐近来多五考，少应四度见花开。”

染井吉野，又名日本吉野樱、东京吉野樱，是日本的代表性樱花，占全日本樱花总数约八成。其为单瓣花，先开花后长出树叶，花朵大小中等，花色白中微带粉红，花朵大多密集丛生。

几度逍遥游，梦里到盛唐（戚晓云摄）

普贤象，分布在鲁南苏北地区，花期 4 月初中旬，花叶同开。花色淡红、白色，花梗弯曲下垂，花蕊伸出 2 片由雌蕊叶化而成的绿叶。将花喻为普贤菩萨乘坐的象的鼻子，将已叶化的雌蕊前端残留的 2 个花柱比作象牙，普贤象樱即由此得名。

江户彼岸，花期较早，花瓣长约 1 厘米，花色有纯白、红紫色，但淡红色较为常见。这种樱树很健壮，树龄较长，很多都是高达 15—20 米的大树。

中国红，花重瓣，先花后叶，花开绚丽，花色大红，热烈大气。花期为 2 月上旬至 3 月上旬。适宜长江以南地区种植，十分耐寒，可经受零下 15 度的极寒天气。

雨晴垂枝樱，又叫羽城垂枝樱。枝条细长柔软，花

樱花大道

朵粉红色，它最大的特点是花蕊当中的雄蕊特别长，挺出在花朵之外。适应性强，耐寒，耐旱，病虫害少。春季观花，花季之后观树形，成年树树形犹如垂柳，随风飘逸，甚是美观。

一叶樱，花期为 4 月中旬，开大约 20 瓣的淡粉色的花朵，新芽是绿色。因其雌蕊叶化为一片叶子形状而得名，属大型花。

郁金，樱花中的珍稀品种，重瓣且花朵呈淡淡的黄绿色，展现出独特的风采，十分好辨认。花期为 4 月中

旬，花朵 10—20 花瓣，叶子为铜色。

樱花，在百花竞妍的春天里还有“报时花”之称。早春时节，春水初涨，早樱初绽；仲春时节，春光烂漫，中樱怒放；暮春时节，落英缤纷，晚樱盛开。

樱花与春天相伴，不离不弃，守望如初。

早樱代表为飞寒樱，开花较早，每年阳春三月盛开，花期较长，约为 15 天左右。先花后叶，花色为亮粉红色，盛开时极为壮观，是早春赏樱的景观，是极具开发价值的樱花新品种。飞寒樱与另外一个樱花代表品种染井吉野花期一前一后，飞寒樱的盛花期刚好是染井吉野的初花期，两者紧密相连。所以习惯上把飞寒樱和染井吉野称为“姊妹花”。

中樱代表为染井吉野。每年暖春四月盛开，单瓣花，淡粉红色，4 到 5 朵花形成总状花序。树形高大，可达 10 到 15 米。小花柄、萼筒、萼片上有很多细毛，萼筒上部比较细，花蕾是粉红色，在叶子长出前就盛开略带淡红色的白花，给人十分华丽的印象。

晚樱代表为江户彼岸樱。以艳丽而著名的江户彼岸樱，是日本观赏樱花中非常重要的一个种类，也是日本野生的樱花之中最长寿的品种，在全国各地都有名树分布，还有高达 20 米以上的大树。因开花时期在暮春的四月下旬至五月初，正是人间最美五月天，因此深受爱樱的日本人的喜爱。萼筒的形状很有特征，下部圆鼓成一个壶形。花期较早，因在春分期开花而得这一名。

盐城气候温和，四季分明。大洋湾内地势平坦，局部起伏，河网水系密布，宜农宜牧，适应性广泛，早在古代，大洋湾就植有樱树。盐城城投集团在大洋湾景区开发时，新建了占地达6000余亩的樱花小镇。这是继日本弘前樱花园、美国华盛顿樱花园、中国武汉东湖樱花园之后，又一有特色、成规模的赏樱地。

该园是以水体为血脉、樱花为特色，集休憩养生、旅游观光等功能于一体的自然生态园林。樱花植物园分为樱洲花海、落樱缤纷、绿野樱踪等景观欣赏区域，包

含樱林尽染、浪漫樱堤等“樱花十景”。

园内6000亩樱花涵盖了国内所有品种，包括飞寒樱、大寒樱、美利坚、关山樱、染井吉野、山樱枝垂、花笠、江户彼岸等59种。共植樱花6万余株，遍布整个景区。其他乔木1.3万余株、各类灌木200万株、草坪5万平方米、时令花卉6个区域共1万平方米，并辅

以广玉兰、香樟等常绿植物作为背景。

阳春三月，飞寒樱、大寒樱等早樱枝头把春闹，一团团，一簇簇，满眼都是朱红色的海洋，满满都是春光的味道，盈暖春期，最是赏樱好时节。蛰伏了一整个冬天，大洋湾的樱花在温暖的阳光中，恣意地施展自己的美丽，在春风中摇曳飞舞。

暖春四月，以染井吉野为代表的中樱怒放。红色、紫色、白色、黄色，各色花朵交相辉映，谱写着一首春日里的协奏曲，人的心情一下子就欢呼雀跃起来，走路的脚步不自觉就轻快了许多，禁不住深吸一口气，满满的是春天里阳光的味道。

暮春五月，早樱落尽，关山樱、普贤象等晚樱盛开，影影绰绰，花团锦簇，繁盛了整个枝头，花色比早樱更浓郁，花型比早樱更丰腴。春光烂漫，站在盛开的樱花树下，恍然间只想沉醉在整个春天里。

水网密布、花团锦簇的大洋湾不光有樱花，还有其他各色花卉争奇斗艳。每年樱花盛开之时，大洋湾成为四海佳朋赏樱胜地。大洋湾为方便游客赏樱，举办了一年一度的樱花节。

樱花节期间，大洋湾生态景区还借机举办国际樱花论坛、“察盐情，丝路情”公益演出、唐代成人礼、青春诗会、摄影大赛 、夜樱鉴赏等文化活动。赏樱期间，樱花仙子下凡，各种角色徜徉在花海，方便游客在各种元素的场景下摄影合照。此外，还有“唐韵古装巡游”“大洋湾首届唐代成人礼”“大洋湾斗茶大会”“千里樱缘一线牵”相亲节等特色活动相助，增添

樱花节表演

了赏樱游玩的无穷乐趣。

游客既可身穿唐代特色服装，在游玩中学习唐代礼仪，接受古典文化熏陶，静享大唐时光，又可在美景的映衬下关注热闹的现代生活，参与比赛赢得奖品。主办方还邀请专业文艺团体入驻园区进行“生态大洋湾，浪漫樱花情”文艺演出，游客赏樱之余亦能观看精彩节目，大饱眼福。此外，大洋湾生态景区特设“樱花博物馆”传播樱花知识，让透过花香的文化气息扑面而至。

最是一年时节好，樱花烂漫报春风，每到樱花节期间，赏心悦目，游客如织。中央电视台新闻联播节目曾数次报道大洋湾樱花节盛况，使这赏樱胜地，名扬四海。

在此，另外值得一说的是除了大洋湾盛开的樱花外，大洋湾生态景区还开建了桃园、七彩花田等水绿交融的项目。尤其是桃园，还与清初一代名人孔尚任颇有渊源。孔尚任是孔子的第六十四世孙，清初著名诗人、戏曲作家。清康熙年间，孔尚任当上了工部侍郎，奉命到江淮一带治水。治水期间，他曾长驻大洋湾南部的便仓（时为盐场），多次到大洋湾等地考察水情，亲眼见到当地百姓遭水患之苦。他是明朝遗民，虽在清为官，却怀有明民情结，再加上看不惯官场的尔虞我诈，他就借助寓居盐城难得清静之时，构思创作了戏曲《桃花扇》，成为戏曲的经典之作。

春光明媚的三四月间，大洋湾樱花绽放，桃花灼灼，芳香四溢，灿若锦绣。而在此时穿过樱花小镇，走过漫漫桃园，进入仿古建筑孔园，可感受到孔尚任《桃花扇》的另一种带有怀古气息的芬芳。

人面不知何处去，桃花依旧笑春风。走出孔园，凝眸那桃花盛开的地方，仿佛还能见到身着青布长衫的孔尚任，手执“桃花扇”，站在桃树之下，发幽古之情思，慨世事之变幻……

◇棹桨飞舞赛龙舟

棹影斡波飞万剑，鼓声劈浪鸣千雷。
鼓声渐急标将近，两龙望标目如瞬。

这急如令鼓的诗句，出自唐代诗人张建封所作的《竞渡歌》。诗中的“龙”是“龙舟”之意，竞渡指的是龙舟竞渡，也就是我们现在常说的“赛龙舟”。

赛龙舟，是中国一项古老的民俗活动。关于赛龙舟的起源有很多种传说，流传最广的是“纪念屈原说”。据传战国时期，楚国大夫屈原于农历五月五日含恨投江（岳阳汨罗江）自杀，楚国人民因舍不得贤臣屈原死去，于是有许多人划船追赶拯救，他们争先恐后，追至岳阳洞庭湖时不见屈原踪迹。是为龙舟竞渡的起源，也是端午节的来源。

此外,还有一种说法为“勾践起源说”。据《事物原始》载：“竞渡之事，起于越王勾践，今龙舟是也。”汉代赵晔在《吴越春秋》中也认为，龙舟“起于勾践，盖悯子胥之忠作”。至今专家公认的中国最早的“龙舟竞渡”的图形，发现于浙江宁波市鄞州区云龙镇甲村。

但据闻一多先生的《端午考》，赛龙舟的起源，比之于“纪念屈原说”还要早上一千多年。早在屈原投江的一千多年前,划龙舟之习俗就已于吴越水乡一带盛行。目的是通过祭祀图腾——龙，以祈求避免常见的水旱之

龙舟赛

灾。目前，这种说法已成为主流说法。从时间维度上考量，中国赛龙舟的民俗流传至今已有 3800 多年。而今，赛龙舟已被列为国家级非物质文化遗产。

赛龙舟起源的时间久远，而中国先民刳成木舟的历史更久远。据《河姆渡遗址第一期发掘报告》称，早在 7000 多年前，远古先民们已善用独木刳成木舟，并加上木桨用以划舟。盐城大洋湾自古处于水乡泽国，以舟捕鱼、以舟代步，船是先民们最为常见的生产工具和交通工具。

大洋湾古时临海，先民们一直以渔、盐、耕种等业为主。旧志云：“士淳礼让之风，民乐鱼盐之利。”艰

盐城马拉松赛

辛的渔耕生活，养成了盐城先民们勤俭、简朴的美俗，使这里的民风更显古朴、淳厚，表现出明显的沿海地域特征和水乡自身特色。

人们常出海捕鱼，也留下了开船贡会的习俗。古时大洋湾的渔民们在汛期出海之前，都要例行举办贡会，以图“龙王保佑，满载而归”，如真能如愿满载而归，便认为是龙王发了慈悲，船主须备足酒菜，拜谢龙王，然后全船人开怀畅饮，一醉方休，称之为满载酒。因此

棹桨飞舞

开船贡会又叫满载会。

除开船贡会的习俗外，古盐城的先民们在捕捉鱼虾的劳作中攀比渔获的多寡，生产及闲暇中又相约划船竞渡，寓娱乐于劳动。据专家考证，进行龙舟竞渡的先决条件必须是在产稻米和多河港的地区，而这正是大洋湾的特色。因此专家认定，大洋湾自古就有划船竞渡的传统。大洋湾作为水乡泽国，天光湖景，无限绮丽。春夏之际，万顷湖荡，一片青绿，微风吹过，绿叶起波，正是划船竞渡的好时光。

因为经济条件所限，最早的划船竞渡较为简单，按里下河的风俗即为会船。会船主要分布在里下河水乡，纵横数百平方公里。通常分为篙船、划船、花船、贡船、拐妇船等五种类型，寄寓了汉族民众的美好愿望和祈盼，期盼国泰民安、生活富裕、人世昌隆、人寿年丰。

大洋湾打造成生态景区后，不忘继承传统，再现龙舟竞渡盛况。自 2018 年起，大洋湾开始承办中华龙舟大赛盐城大洋湾站赛事。中华龙舟大赛由国家体育总局社会体育指导中心、中央电视台体育频道、中国龙舟协会等单位联合主办，是目前国内规格级别最高、竞技水平最高、影响力最大的顶尖龙舟体育盛事。

五月正是春光好，龙舟竞渡春意闹。每逢赛事期间，来自全国各地的数十支龙舟队，在大洋湾境内的新洋港河上列队竞赛。一支支色彩斑斓的龙舟依次“游”入大洋湾，在主席台前一字排开，河水在阳光的映射下熠熠生辉，运动员们意气风发。

随着发令枪一响，鼓声骤起，一支支龙舟便如离弦之箭急速射出。河面上每支龙舟划桨整齐起落，船尾一蹲一立，船头一沉一浮，颇有气势。一时间，棹桨飞舞、鼓声震天、水花飞溅，龙舟劈波斩浪，原本微澜起伏的河面上飞溅起层层浪花。两岸万余观众的喝彩声此起彼伏，与赛手们的呐喊声、击鼓声相互呼应，岸上河中，成了一片欢腾的海洋。

大洋湾也借着赛龙舟的盛举，积极打造中华龙舟赛和世界杯龙舟赛基地，通过经常性举办龙舟赛，对龙舟运动、龙舟文化进行普及。龙舟赛期间，群众广泛参与，不仅感受到同舟共济、搏风击浪的风采，还厚植了团结协作、奋勇争先的进取精神。

值得一提的是，大洋湾通过“旅游 + 文化”“旅游 + 体育”的开放思维，不仅在水路上举办龙舟大赛，还在陆路上举办大洋湾国际马拉松大赛。这项被称为“盐马”的赛事，首届大赛即吸引了中国、美国、韩国、日本、肯尼亚等 24 个国家和地区的一万多名参赛人员齐聚盐城，奔跑出“速度与激情”。

此外，大洋湾还承办了全国沙滩排球锦标赛等体育赛事。通过举办龙舟赛、马拉松、沙排赛等高端体育赛事，

沙滩排球赛

沙滩排球赛

大洋湾迎来了勃勃生机，迸发出新的活力。大洋湾也成为激励盐阜儿女在新时代追梦奔跑的精神基地，她激励着820万盐阜儿女弘扬新时代奋斗者精神，以饱满的激情、豪气干云的姿态奔向新长征路……

后 记

我在接受《水绿瀛洲：大洋湾》这本书的写作任务时，虽然多次耳闻大洋湾生态景区的盛名，也曾多次因从南洋国际机场乘坐飞机出差，与大洋湾有过擦肩而过的缘分，但许是“熟悉的地方无风景”的顽固思想作祟，我竟没真正去过一次大洋湾。

直到2019年的春夏之交，盐城市文联原主席、盐城市作家协会名誉主席王效平先生转交一项任务给我，让我来写“盐城地标”丛书中的《水绿瀛洲：大洋湾》这本书。这本书本应是王效平先生亲自采写的，但因他另有创作重任，恐有贻误，故向丛书编委会推荐我来接手写作。说实话，初听此任务，我还有点惶恐不安，因为王效平先生交代我，大洋湾就是一件无法衡量其价值的“艺术品”，千万不能写只有价格的“工艺品”。这更加重了我的紧张感，好在，向以扶掖后进为乐事的王效平先生又说了一句：“向林，我对你了解，你放开来写，肯定能写好。”

我勉强领命后，王效平先生又将我介绍给本丛书的执行主编、解放军出版社原社长朱冬生先生，朱主编在他安排得满满的日程里，花了一个晚上的时间来给我详细讲解此书的构思与创作提纲，并给我送上参考书籍，他们的话语，在我心里点了一盏明灯，让我一下子坚定了信心。

在几个月的创作中，我多次到大洋湾采风。登瀛阁上，我俯瞰到大洋湾神奇的“W”形湾；盐渎古镇里，我感受到阵阵古风悠悠入怀；金丝楠木馆，我亲眼见证了那散发着金泽光芒的人间奇木；广袤的樱花园、造型优美的三相桥……每一个景点，我都用眼睛去观察，用双手去触摸，用心灵去感受。大洋湾的美丽景观，不仅在我的视线里出现，更钻进了我的内心深处，成为构筑在我心灵深处的一道风景线。

相对而言，大洋湾的不少景点如盐渎古镇、金丝楠木馆等，是“整体迁移”或者“嫁接引进”过来的，但是，这些景点融入大洋湾后，却不是客居他乡为异客，而是在规划者与建设者们的匠心独运之下，“万涓细流成江河”，有机、协调、和谐地融为一体，好像大洋湾与它们前世就有约定，才换来今生的亲密牵手。

它们融入大洋湾，是大洋湾之幸，是盐城人之幸。而对于它们本身来说，融入一个更为适合的舞台和天地，奇湾配奇景，又何尝不是它们的幸运呢。正如我写这本书，也是我的一次幸运之旅。

由于我的才疏学浅，对大洋湾的认识还存在局限性、片面性，恐书中有遗珠抑光之处，希望大家能给予批评和指正。

最后，还要特别感谢为采风提供方便的盐城城投集团董事长任连璋先生，以及盐城城投集团办公室李有爱先生、郭亚先生，并感谢为本书提供图片的戚晓云、郭亚、刘朝晖等摄影专家，因本书相关篇章主题明晰，相关配图与文字相呼应，故部分配图未详加图片说明，在此做一说明，诚望广大读者能够理解包容。

徐向林

2019 年 10 月